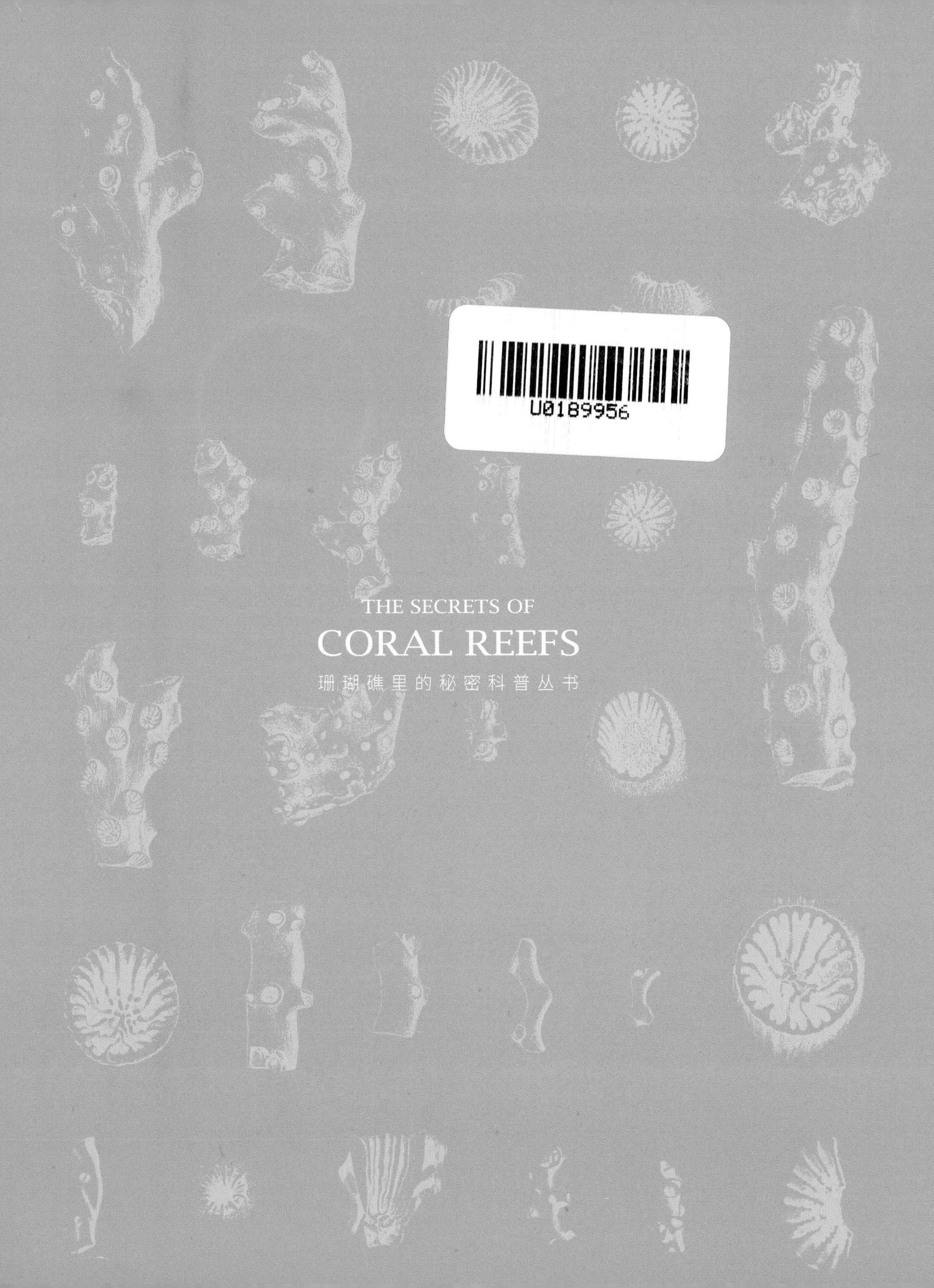

U0189956
THE SECRETS OF
CORAL REEFS
珊瑚礁里的秘密科普丛书

THE SECRETS OF
CORAL REEFS
珊瑚礁里的秘密科普丛书

黄　晖 **总主编**

珊瑚礁里的鱼儿

牛文涛 ——主编

文稿编撰 / 胡俊彤 李瑞祺 林华英
杨　淋 陈一璇
图片统筹 / 姜佳君

珊瑚礁里的秘密科普丛书

总前言 / Preface

在辽阔深邃的海洋中存在着许多“生命绿洲”，这些“生命绿洲”多分布在热带和亚热带的浅海区域，众多色彩艳丽的生物生活于此、繁荣于此、沉积于此。年岁流转，这里便形成了珊瑚礁生态系统。

这些不足世界海洋面积千分之一的珊瑚礁却庇护了世界近四分之一的生物物种，其生物多样性仅次于陆地的热带雨林，故被称为“海洋热带雨林”。

这里瑰丽壮观、神秘富饶，吸引着人们的目光。

本丛书将多角度、全方位地展示珊瑚礁里的世界，一层层地揭开珊瑚礁生态系统的神秘面纱。通过阅读丛书，你将透过清丽简约的文字和精美丰富的图片去一探汹涌波涛下的生命奇观，畅享一次知识与趣味双收的“珊瑚礁之旅”。同时，本丛书也将逐步揭开人类与珊瑚礁的历史渊源，站在现实角度，思考珊瑚礁生态系统的未来。在国家海洋强国战略的大背景下，合理利用海洋资源、正确开发并切实保护好珊瑚礁资源，更加需要我们认识并了解珊瑚礁生态系统。

“绛树无花叶，非石也非琼”，诗中的珊瑚美丽动人，但你可知道珊瑚非花亦非树，而是海洋中的动物，是珊瑚礁的建造者。在《探访珊瑚礁》中，你会知晓或如花般摆动或如蒲柳般招展的珊瑚动物的一生，知晓珊瑚礁的往昔。你无须出航也无须潜水，就能“畅游”世界上著名的珊瑚礁群落，领略南海珊瑚礁、澳大利亚大堡礁的风采，初步了解珊瑚礁的分布情况。也可以窥见珊瑚礁中灵动的生命、珊瑚礁与人类的历史渊源。

数以万计的生物共处于珊瑚礁系统中，它们之间有着千丝万缕的联系。这些联系在《珊瑚礁里的食物链》一书中得以呈现。无论是微小的藻类，还是凶猛的肉食鱼类，它们都被一张无形的大网网罗在这片珊瑚礁海域，各种生物的命运环环相扣，息息相关，生命之间的碰撞让这里精彩纷呈。

为了生存，生活在这里的“居民”早就练就了出色的生存本领。

《珊瑚礁里的生存术》带你走近奇妙的珊瑚礁生物，旁窥珊瑚礁“江湖”中的“血雨腥风”，一睹珊瑚礁“居民”的“绝代风华”。它们在竞技场中尽显身手，或遁影于无形或一招制敌……

也许很多人对珊瑚礁生物的最初印象会源于礁石水族箱里色彩艳丽、相貌奇异的宠物鱼，对它们的生活习性却并不了解。《珊瑚礁里的鱼儿》书写了珊瑚礁里“原住民”“常客”“稀客”“不速之客”的生活。书中所述鱼类虽然只是珊瑚礁鱼类的一部分，但也从一个侧面展现了它们的灵动之美和生存智慧。有些鱼儿“鱼大十八变”，不仅变了相貌还会逆转性别，有些鱼儿则演化出非同一般的繁殖方式……

珊瑚礁不仅用色彩装饰着海底世界，更给人类带来了许多的惊喜与馈赠。在《珊瑚礁与人类》中，你将看到古往今来的人们如何发掘利用这一方资源，珊瑚礁如何在万千生命的往来中参与并见证

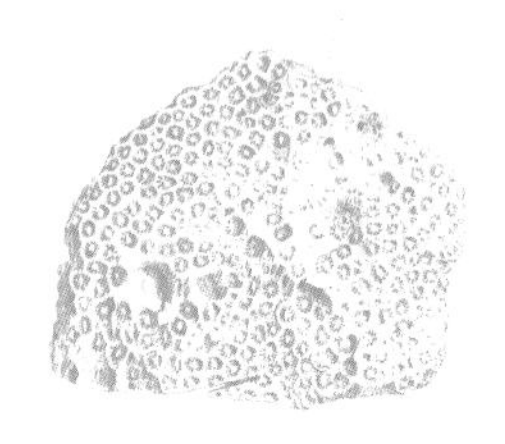

人类社会文明的发展。在这里，你将见到不一样的珊瑚，它们不再仅仅是水中的生灵，更是镌刻着文化价值的海洋符号。你也能感受到珊瑚礁在人类活动和环境变化下所面临的压力。好在有越来越多的“珊瑚礁卫士”在努力探索、不断前行，为守护珊瑚礁辛勤付出。

当你翻过一张张书页，欣赏了千姿百态的珊瑚礁生灵，见识了它们的生存之道，领略了大自然的鬼斧神工，或许关于海洋的“种子”已然在你心中悄然发芽。珊瑚礁里的一些秘密已被你知晓，但珊瑚礁的未解之谜还有很多。珊瑚礁环境不容乐观，珊瑚礁保护与修复道阻且长，需要我们每一个人去努力。■

写在前面 / Foreword

提到珊瑚礁，人们可能首先想到的除了是色彩斑斓的珊瑚，就是游弋在珊瑚礁里的鱼儿了。在广袤的海洋里，虽然珊瑚礁所占的空间极少，但珊瑚礁鱼儿的多样性却高得令人惊叹。

大多数人对珊瑚礁鱼儿的直观认识来自水族馆。小丑鱼、蝴蝶鱼、扳机鱼等摇曳生姿，在灯光渲染下的珊瑚礁中穿梭。数目繁多的人工生态水族箱让游客眼花缭乱，深感不虚此行。水族馆展出的鱼儿或色彩亮丽，或形态奇特，往往以其外表留给人深刻的印象，却很难呈现出珊瑚礁鱼儿最富于趣味和魅力的特征——生活习性。本书用生动的语言还原珊瑚礁鱼儿的“日常”，让读者在欣赏珊瑚礁鱼儿美丽外表的同时，了解它们在觅食、避敌、繁殖等方面的习性，为读者揭开珊瑚礁鱼儿的秘密。

本书先概括了珊瑚礁鱼儿的三大特点：钟爱珊瑚礁、千姿百态、不乏生存高手。之后，本书将珊瑚礁里的鱼儿“居民”分成四大类，即“原住民”“常客”“稀客”“不速之客”，并选取其中有代表性的物种来介绍。“原住民”是那些生存依赖于珊瑚礁环境的鱼儿，如小丑鱼、巴氏海马；“常客”是那些经常造访珊瑚礁的鱼儿，如石斑鱼、石鲷；“稀客”是那些出于觅食、清洁等原因偶尔在珊瑚礁出没的鱼儿，如翻车鲀、蝠鲼；“不速之客”则是体型较大或性格凶猛的鱼儿，如鲨鱼。这样安排本书架构，希望能让读者对珊瑚礁鱼儿“居民”有系统的认识，对它们有更深的印象。

考虑到读者对珊瑚礁鱼儿已有或多或少的了解，本书着力展现珊瑚礁鱼儿趣味盎然的一面。对于每一种类的珊瑚礁鱼儿，本书突出展示其一两个特征。有的鱼儿善于变魔术般地改变自己的体形、体色，如六斑刺鲀、斑点拟绯鲤；有的鱼儿捕食本领高强，如䲢、裸胸鳝；有的鱼儿具有非同一般的繁殖方式，如海马、天竺鲷。这样描述重点鲜明，珊瑚礁鱼儿在读者脑海中的形象会更加立体、更加生动。■

目录 / Contents

常客 49

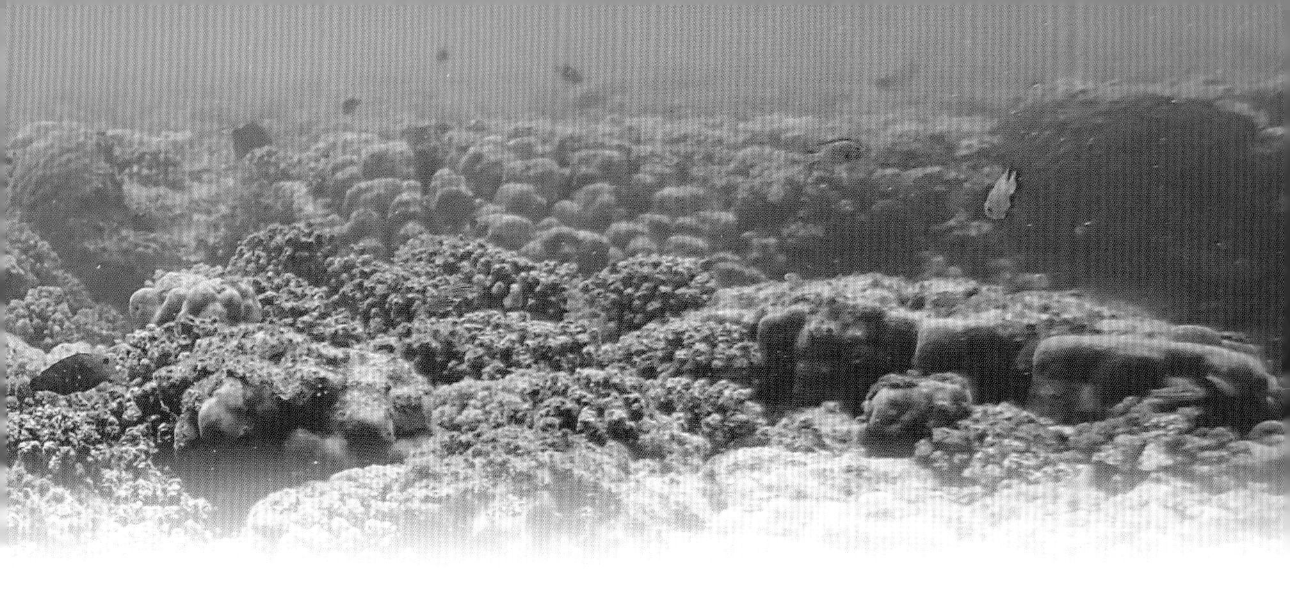

稀客 101

珊瑚礁鱼儿的特点

钟爱珊瑚礁

目前已知世界上有超过 8 000 种鱼儿生活在珊瑚礁。这些鱼儿的整个生活史或生活史某个阶段与珊瑚礁有着紧密的联系，它们就是我们所说的珊瑚礁鱼儿。

珊瑚礁鱼儿的多样性是其他海洋生态系统无法比拟的。珊瑚礁为鱼儿提供了多种多样的环境：有的鱼儿喜欢在珊瑚之间游来游去，有的鱼儿则更喜欢生活在海葵、海扇和海绵之间，有的鱼儿习惯于底栖生活，有的鱼儿则喜欢生活在珊瑚礁上层空间。

那么，珊瑚礁生态系统如何维持数量巨大的鱼群呢？原来，绝大多数珊瑚礁鱼儿都有着自己特定的“用餐爱好”，吃着各自喜欢的食物，很少起冲突。而且，珊瑚礁鱼儿都有着各自的觅食策略，每一条鱼儿都在珊瑚礁这个大家园中，扮演着特殊且重要的生态角色。

觅食策略分为很多种。不同的鱼儿在不同的时间觅食，在不同的区域觅食。某些鱼儿干脆选择其他鱼儿不感兴趣甚至难以下咽的食物。比如，海绵会分泌令大多数鱼儿“反胃”的化学物质，还含有锐利的骨针，但这并不妨碍刺盖鱼科的某些鱼儿食用海绵；有些鱼儿钟爱海胆，不惧海胆的长刺，而把海胆当作美食。很多珊瑚礁鱼儿以更小的鱼儿或者无脊椎动物为食，还有的鱼儿则以植物为食。

一种简单的觅食策略就是两种鱼儿共享一类食物，却在不同的时间觅食。白天，珊瑚礁周围会出现大量捕食者，它们通过跟踪或围捕的方式追击猎物。而夕阳西下、黄昏来临时，这些捕食者就会退守到自己的巢穴中，静静等待下一缕阳光。但这并不意味着那些可怜的小猎物就此得到解脱——在短暂的平静过后，待夜色完全降临，等待它们的将是夜行性的捕食者。

珊瑚礁鱼儿还“想”出另一种避免冲突的方法：在不同的区域觅食。有的鱼儿蛰伏在珊瑚礁海域的沙地，有的鱼儿在珊瑚礁这片“森林”中穿梭，还有的鱼儿在珊瑚礁“上空”巡游。而在各片区域，鱼儿们的觅食手段也是五花八门。

在珊瑚礁海底，有的鱼儿，如线纹鳗鲇，仅享用沙层和沉积层下的生物，在海底不断地搜寻猎物的踪迹；有的鱼儿，如刺魟，则会从嘴中喷出水流冲击沉积物，或者扇动胸鳍激起水花，冲击沙子；少数鱼儿则长出了长长的胡须，像携带着金属探测器一样，翻找藏在沙里的猎物；还有的鱼儿真是“懒到家”了，直接连沙子一起吃到嘴里，滤出细小生物后再把沙子吐出。沙子中大量的节肢动物和软体动物，为这些鱼儿提供了丰富的食物。

最爱穿梭在珊瑚礁缝隙间的，当属蝴蝶鱼科和雀鲷科的鱼儿。蝴蝶鱼身体扁平，游动时似蝴蝶翩翩起舞，能够钻到礁石的窄缝中觅食和避敌，“夹缝中求生存”。雀鲷则身体小巧、行动灵活，哪里都可以是它们的藏身地。还有胆小的连鳍鲔，生境复杂的珊瑚礁给它们提供了藏身的好去处。

并不是所有的珊瑚礁鱼儿都定居在珊瑚礁。比如，剃刀鱼常常混迹于海草床生态系统中，偶尔来到珊瑚礁，它们本身看上去很像漂浮着的海草。与剃刀鱼外形有些相似的海马，也偏爱海草。海马的尾部弯曲，它们可以借此“握”住海草，不会被海流带走。有的鱼儿只在它们一生的某段时间才来到珊瑚礁。如革鳞鲐，从美国的北卡罗来纳到巴西的里约热内卢都能发现它们的身影，然而每年它们都会不远万里来到珊瑚礁集体产卵。这一盛事历时较短，整个过程甚至不到一个小时。虽然它们产下的卵有相当一部分会被珊瑚礁海域的动物吃掉，但它们为后代选择珊瑚礁这个资源丰富的成长环境，是非常明智的。还有的鱼儿，虽然常年以珊瑚礁为家，但是在炎热的夏季就会去更加凉爽的海域避暑，如怕热的锤头双髻鲨。

千姿百态

美丽的珊瑚在它们的“房客”虫黄藻的帮助下，显现出瑰丽无比的色彩。生活在珊瑚礁海域的鱼儿为了适应这多彩的环境，展示出各种各样耀眼甚至是奇异的颜色和图案，这与大洋的鱼儿形成了鲜明的对比。

珊瑚礁鱼儿的体色并不是一成不变的，体色也有其特殊的功能。有的珊瑚礁鱼儿栖息在具有特定色彩或纹理的背景下时，就会进行伪装。在繁殖季节，许多鱼儿表现出的婚姻色，不仅可以帮助雌鱼与雄鱼互相辨认，还能帮助雄鱼吸引更多、更优质的雌鱼。许多鱼儿身上还会有迷惑性的图案，用来迷惑捕食者，让捕食者连头和尾都“傻傻分不清楚”。这些图案还能警告捕食者：“我有毒，别吃我！”

比如四斑蝴蝶鱼，它的斑纹可不是白长的，有着十分重要的作用。它的身体两侧后部各有一个大黑斑，黑斑周围有明亮的白色边缘，使得整个黑斑看起来就像一只眼睛，而它真正的眼睛被条纹遮盖。如此一来，捕食者很难分清四斑蝴蝶鱼的头和尾。当四斑蝴蝶鱼受到威胁时，伪眼就给它的逃跑预留了时间。当然，它也有可能来不及逃掉，这个时候，四斑蝴蝶鱼就会转向它的捕食者，“低下头”，背鳍的棘完全直立，就像一头即将冲锋的公牛，仿佛在恐吓捕食者：“我可不是好惹的！”

有伪眼的四斑蝴蝶鱼

藏在珊瑚礁上的尖头拟鲉

就像一些鱼儿演化出神秘的色彩和图案以躲避捕食者一样，一些埋伏捕食的鱼儿演化出了伪装色，以便在不知不觉中伏击猎物。尖头拟鲉就是一种埋伏捕食的鱼儿，它看起来就像被珊瑚和藻类覆盖的海底岩石，静静地在珊瑚礁等待着过往的猎物。

花斑拟鳞鲀有着十分强大的颌，可以咬碎海胆、甲壳动物和软体动物的硬壳。它的身体腹面有大而白的斑点，背面则呈现黄色并点缀着黑色斑点，这是一种“反遮阳”的体色：从下往上看，白色斑点就像水面的光亮；而从上往下看，鱼体则与珊瑚礁融为一体。

体色鲜艳的花斑拟鳞鲀

不仅仅是体色，大多数珊瑚礁鱼儿的身体形态与大洋鱼儿也有很大区别。大洋鱼儿为了在开阔海域快速游泳，身体大多呈流线型，这样就大大降低了身体与水体之间的摩擦力，从而提高游泳速度。而珊瑚礁鱼儿生活在相对封闭的空间和地形复杂的珊瑚礁礁盘中，灵活性比游泳速度更重要，因此珊瑚礁鱼儿演化出了适合快速移动和快速改变方向的体形，这样它们就可以躲避在暗礁裂缝里或在珊瑚礁“捉迷藏”来逃脱捕食者的追捕。许多珊瑚礁鱼儿，如蝴蝶鱼和刺盖鱼，演化出了扁平的身体。除此之外，它们的鳍的构造也与其他鱼儿有所不同，背鳍通常是连续的，胸鳍则呈圆形或截形，而且不分叉，这就使得它们的身体更加灵活。

身体扁平的六带刺盖鱼

吻部尖而长的长吻镊口鱼

为了啄食珊瑚礁上附着的藻类，或咬碎带有硬壳的底栖无脊椎动物，有的珊瑚礁鱼儿演化出了像鸟类一样的硬质喙，这样它们就可以不费吹灰之力地获取食物了。驼峰大鹦嘴鱼，喜欢用它的“大板牙”啃食珊瑚。而长吻镊口鱼则采取另一种觅食方式：它那又长又尖的吻部就好像长在身体前端的探测器一样，可以伸进珊瑚礁狭长的缝隙搜寻食物。

这条白缘騰，长相十分吓人！宽大的嘴里长着参差不齐的尖牙，有种“地包天”的感觉。为了成功地捕猎，它的嘴上还长出了蠕虫状的诱饵，可以通过摆动诱饵来吸引猎物的注意力。为了获取食物而不惜把自己身体的一部分当作诱饵，万一真的被猎物咬上一口，它会不会介意呢？它的撒手锏还不止于此——騰类还有放电技能，可以电晕猎物或者捕食者。

等待猎物的白缘騰

有的珊瑚礁鱼儿的“隐身”效果堪称完美。生活在柳珊瑚丛中的巴氏海马，能够惟妙惟肖地模仿柳珊瑚。如此一来，捕食者就很难发现巴氏海马的踪影了。

不够灵活就换个体形，好在珊瑚礁之间穿梭；吃不到东西就换个吻形，用细长的吻部在礁石缝隙觅食；为了捕食或者躲避天敌，甚至将自己伪装成环境的一部分。这些小把戏，珊瑚礁鱼儿用得得心应手。正因为有这些美丽的鱼儿，珊瑚礁才更加多姿多彩，令人神往。当然，珊瑚礁鱼儿的聪明才智还不限于此，为了在复杂的珊瑚礁环境中生存下去，它们还有许多妙招呢！

藏在柳珊瑚丛中的巴氏海马

不乏生存高手

对于鱼儿来说，珊瑚礁是一个温暖舒适的家，多种海洋生物的聚集也令珊瑚礁的环境变得复杂莫测。为了在珊瑚礁海域安安稳稳地生存繁衍，珊瑚礁鱼儿都有独特的生存策略，或是种群内部的互助，或是物种间的竞争，抑或是物种间的共处，不胜枚举。

身处复杂的环境，珊瑚礁鱼儿最先想到的当然是“团结”。如集群性的线纹鳗鲇，幼鱼受到惊扰时，会聚集成一个紧密的球形群体——“鲇球”。对于群体来说，这有助于保全大多数幼鱼。再如革鳞鲒，到了繁殖季节，它们会从四面八方赶到珊瑚礁产卵。就好像听到了某种信号一样，成群的革鳞鲒争先恐后地排出精子和卵，短时间内它们便完成了整个产卵过程。如此大规模的集群产卵行为大大提高了卵的受精率。

除了紧密团结在一起，珊瑚礁鱼儿还学会出了先进的护卵手段。比如说机智的海龙科鱼儿，雄鱼的腹部有一个温暖舒适的育儿袋，为受精卵提供了安全的庇护所。雄鱼静静地守护着它们，直到孵化。珊瑚礁海域还有许多鱼爸爸会在鱼妈妈产卵后一直看护着它们的宝宝。

为了更好地生存，珊瑚礁鱼儿还会组成“一夫多妻”或“一妻多夫”的“家庭”，

成群活动的珊瑚礁鱼儿

“鲇球”

由一条雄鱼或雌鱼带领着一个小群体在它们自己的领地上繁衍生息。弗氏拟雀鲷就会形成这种类型的群体，而且雄鱼要担负起照顾所有后代的重任。这种家庭小群体的组织形式，更有利于繁殖活动的进行。

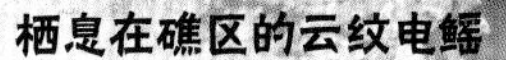
栖息在礁区的云纹电鳐

面对捕食者或者猎物时，珊瑚礁鱼儿也丝毫不含糊，迷惑、恐吓、放电、制毒……这些亿万年演化过程中获得的技巧，为鱼儿的生存创造了十分有利的条件。生活在珊瑚礁海域的电鳐可以通过神经系统来控制放电时间和强度，完全自主掌控发电器官。依靠发出的电流，它们可以击毙水中的小鱼、小虾及其他小猎物；它们也能以此击退捕食者，从而安全地生活在珊瑚礁海域。篮子鱼的鳍棘基部藏有毒腺，当棘刺受到刺激，毒腺会受压破

凹吻篮子鱼张开棘刺

藏在礁石缝隙里的点纹裸胸鳝

裂，毒液流出。如果不小心被篮子鱼刺到，免不了又痛又痒。而可爱的粒突箱鲀，身上也有致命的毒素。受到威胁时，粒突箱鲀会向周围水体中释放毒素，来杀死捕食者。令人望而生畏的海鳝，两颌有毒腺和能够活动的牙齿。当海鳝咬住猎物时，毒液就会从黏膜与牙齿之间流出，使猎物中毒而无法逃脱。

当然，不同种生物也是可以和平相处的，这才有了和谐的珊瑚礁大环境。别看裂唇鱼体型较小，它们可是珊瑚礁海域有名的“鱼医生”，经常出现在海龟、鹦嘴鱼等“患者”身边，咬去“患者”体表的细菌、寄生虫、烂肉等，为它们消解病痛。裂唇鱼的“医术”并非生来就有，它们是在长期的演化中学会这种便捷高效的觅食方法的，于是就与其他生物形成了利人又利己的关系。人们熟知的小丑鱼，终其一生都生活在海葵中，与海葵保持着良好的合作关系：海葵为小丑鱼提供了栖息地和产卵场，用带刺的触须保护着小丑鱼一家；而小丑鱼则用排泄出的“营养物质”来回报海葵。英国的研究人员指出，当石斑鱼发现藏匿的猎物时，会用“倒立”并不断摆动头部的动作

坦氏刺尾鱼和裂唇鱼

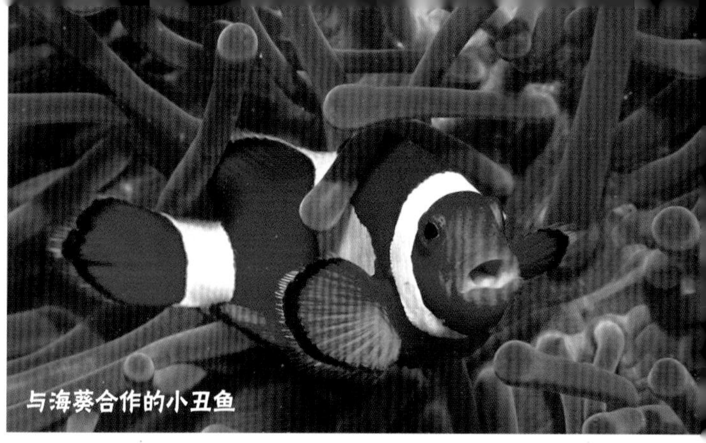
与海葵合作的小丑鱼

跟随鲸鲨远游的鮣鱼

为石鲈清洁体表的裂唇鱼

来指示猎物的藏身之处。如果这些合作伙伴没有反应，石斑鱼会用其他动作发出信号，有时甚至直接将合作伙伴推向猎物。石斑鱼通过与其他物种合作，提高了捕食效率。

还有一类鱼儿，它们不擅长游泳，却游遍了大洋，它们就是海洋中的“免费旅行家”——鮣鱼。它们的身体上特化出了吸盘，以方便自己搭着鲸鱼、鲨鱼、海龟等的“便车”到处游玩。

看完这些，你是不是为珊瑚礁鱼儿的智慧所折服呢？有趣的珊瑚礁鱼儿还有许多，既有游弋在海葵触须间的小丑鱼、一动不动地“假装”自己是珊瑚的巴氏海马、“一气之下”就萌态百出的粒突箱鲀等“原住民”，也有“身价”甚高的石斑鱼、“聪明绝顶”的石鲷等“常客”，亦有体型健硕的翻车鲀、长相惊人的蝠鲼等“稀客”，还有生性凶猛的鲨鱼等“不速之客”。你是不是很想深入珊瑚礁一探究竟？那就跟随我们来吧！

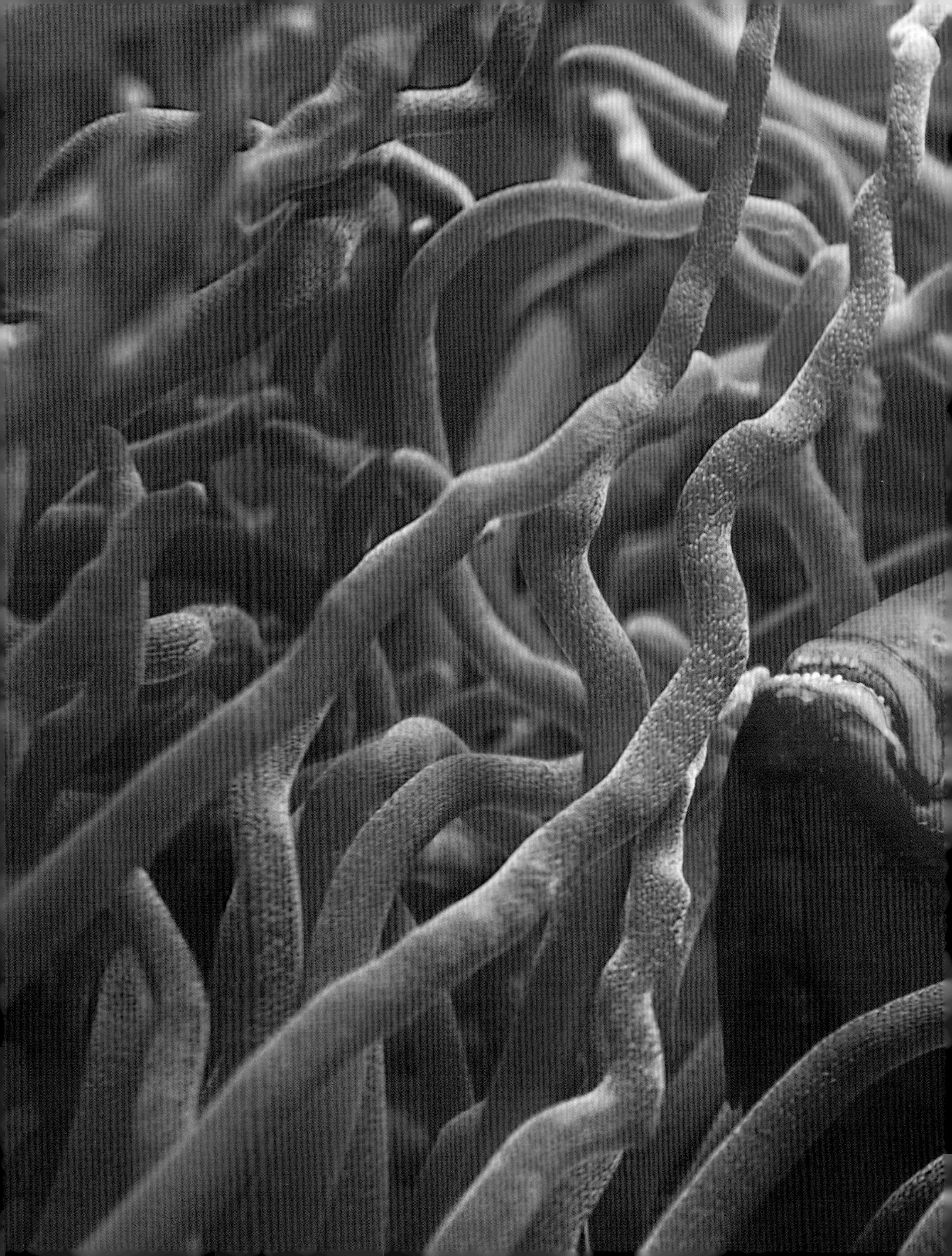

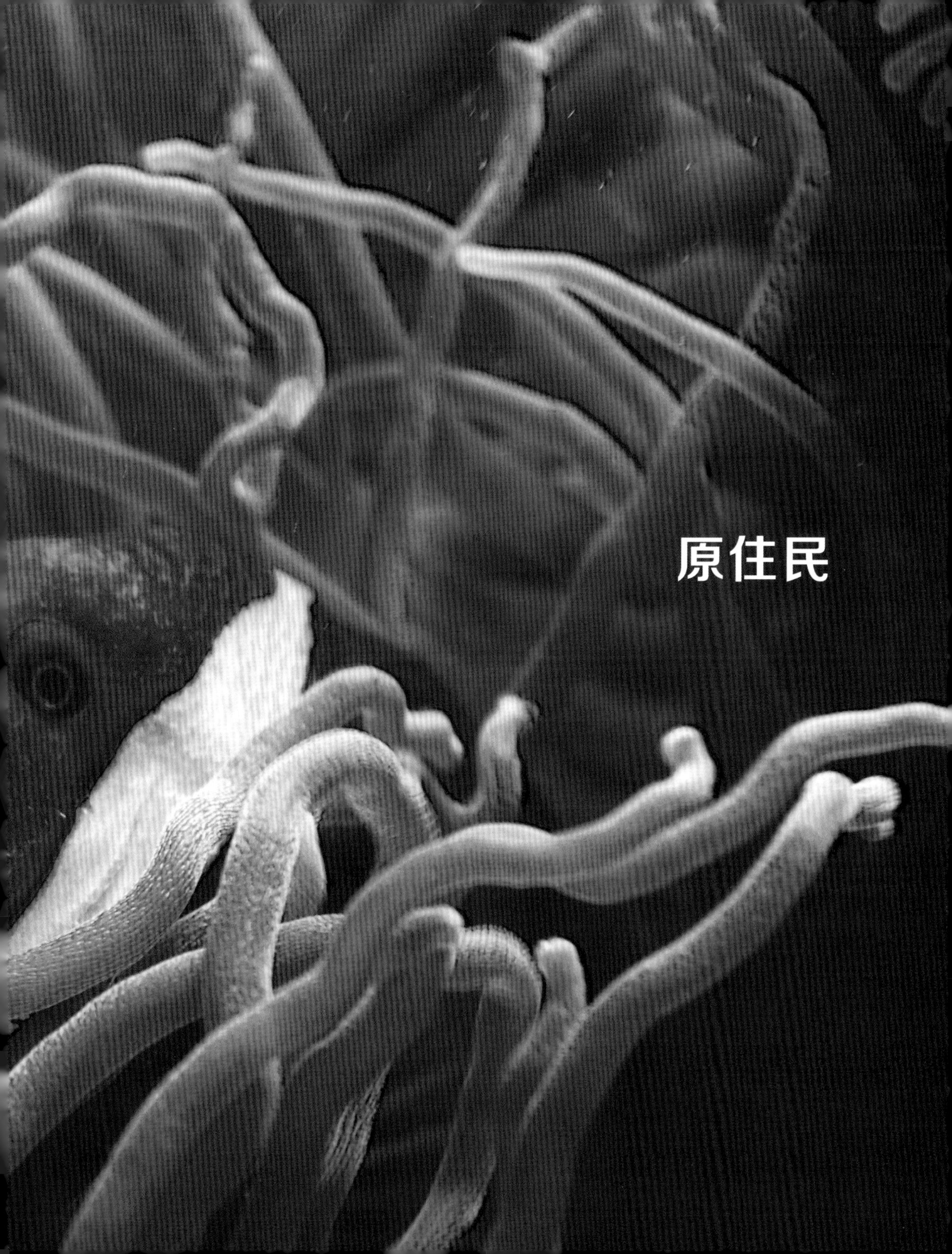

原住民

先雄后雌的一生——小丑鱼

黑双锯鱼

说起小丑鱼，你一定不会陌生，不就是电影《海底总动员》里可爱的尼莫嘛！没错，尼莫的原型就是小丑鱼的一种——眼斑双锯鱼。小丑鱼是水族馆中最常见的海水观赏鱼之一。它们的体色很丰富，通常以亮橙色打底，配以白色条纹，这些条纹还用黑色描了边；当然，也有的种类用栗色或者黄色作为身体底色。由于橙色是小丑鱼较为独特的体色，所以不是橙色的种类经常会被误以为不属于小丑鱼，比如体侧像被泼了墨汁的黑双锯鱼。

小丑鱼包括雀鲷科海葵鱼亚科的双锯鱼属和棘颊雀鲷属的 30 种鱼儿。小丑鱼都生活在印度－西太平洋热带和亚热带温暖海域中，所以如果你在大西洋潜水时看到了“小丑鱼”，那一定是你认错啦！

相信你一定听说过“海葵鱼”，其实“海葵鱼”就是小丑鱼的另一个称呼，因为小丑鱼与海葵相互依赖、互利合作。对于绝大多数鱼儿而言，海葵并不是理想的“住宅”。海葵触须上密布刺细胞，其中的刺丝囊内还含有海葵毒素。当其他生物不小心触碰到海葵的触须，就会被一群触须围攻。这时，海葵刺细胞内有倒刺的刺丝会外翻，将海葵毒素注入入侵者。大个子入侵者被蜇疼了还能幸运地逃脱；小个子入侵者会被毒素麻痹，成为海葵的美餐。这听起来似乎挺吓人的，但小丑鱼却毫不畏惧，与海葵幸福地生活在了一起。那么，为什么小丑鱼不惧怕海葵毒素呢？科学界存在两种说法：一种说法是小丑鱼体表分泌的黏液使海葵不会将它们作为食物来对待；另一种说法是在长期的演化过程中，小丑鱼对海葵毒素已经产生了免疫力。

背纹双锯鱼

大堡礁双锯鱼

白条双锯鱼

鞍斑双锯鱼

虽然世界上的海葵有1 200种之多，但是能够与小丑鱼“做朋友”的却只有10种。只有克氏双锯鱼才能“驯服”这10种海葵；眼斑双锯鱼只能在巨型辐花海葵、长须紫地毯海葵和地毯海葵上生活；棘颊雀鲷就更可怜了，只有奶嘴海葵愿意与它们共同生活。

即便只能与为数不多的海葵和平相处，这也成为小丑鱼最重要的生存技能。小丑鱼在未孵化时，就已经知道自己的家在哪只海葵上了。小丑鱼父母会把受精卵放在海葵触须的保护范围内，孵化中的小丑鱼就记住了这只海葵产生的化学信号。小丑鱼虽然在成长过程中会随着海浪漂走，但结束浮游生活有了游泳能力后，会依据嗅觉记忆返回出生地的海葵。不过在现实中，由于各种环境原因，小丑鱼也常常放弃“寻根”，不得不选择非出生地的海葵。

那么，生于海葵、长于海葵的小丑鱼吃什么呢？认真说起来，小丑鱼是杂食性的鱼儿，它们可以摄食未被海葵消化的食物，然后将自己的排泄物回报给海葵。小丑鱼主要以小型浮游动物为食，如桡足类和一些鱼儿的幼鱼。它们也吃海藻，甚至“没良心”地吃掉海葵的触须。

看到这里，你是不是觉得小丑鱼是一些神奇的鱼儿？更神奇的还在后面！如果你仔细观察自然状态下或水族箱里的小丑鱼，就不难发现，在一个典型的小丑鱼族群中，通常有一条体型最大的雌鱼，还有几条体型较小的雄鱼。体型健硕的雌鱼承担起繁衍后代的任务，而雄鱼中只有最大的那条才拥有交配权。当雌鱼死去或者因为其他原因消失不见时，要么外来一条雌鱼接替它的位置，要么最大的雄鱼发生神奇的“变态”——性逆转，变为雌鱼，接过传宗接代的任务。所以在电影《海底总动员》中，尼莫的爸爸马林很可能会在不久后变成尼莫的“妈妈”。这种性逆转是不可逆的，所以族群里的雌鱼经常会在各个方面欺压雄鱼，以防止雄鱼“谋权篡

眼斑双锯鱼与巨型辐花海葵

棘颊雀鲷与奶嘴海葵

位”。另外，小丑鱼们还会发出两种不同类型的声音：一种是攻击性的，另一种则是顺从性的。它们发出声音并非为了吸引异性，而是为了维持自己在族群中的地位。

小丑鱼的生活当然不只有“压迫”。到了繁殖季节，雄鱼会跟在雌鱼尾巴后面追咬或是用鱼鳍触碰雌鱼，向雌鱼传递求偶信号，并将雌鱼追逐到自己提前清理好的地方产卵。雌鱼产完卵“拍拍屁股”就走了；雄鱼则会给黏附在礁石上的卵授精，并在接下来一周的时间里照顾受精卵，忙活着搅动受精卵周围的海水和吃掉坏死的受精卵。雄性小丑鱼是不是尽心尽责的好爸爸呢？

小丑鱼看护受精卵

克氏双锯鱼与串珠双辐海葵

珊瑚礁最美的精灵——蝴蝶鱼

如果你能够潜入水下的珊瑚礁世界，有一类鱼儿你一定不会错过。它们游动起来如同蝴蝶飞舞，因此得名蝴蝶鱼。它们拥有蝴蝶般斑斓的体色、美丽的斑点与条纹，甚至扁扁的体态也与轻盈的蝴蝶相似。正如蝴蝶是飞舞在花丛中的精灵，蝴蝶鱼也是珊瑚礁最美的精灵。它们广泛分布在印度洋、太平洋、大西洋的珊瑚礁，成为珊瑚礁最亮丽的风景。

蝴蝶鱼指鲈形目蝴蝶鱼科 12 个属的 100 多种鱼儿，在我国海域就生活着 9 个属 50 多种。蝴蝶鱼一般只有手指那么长，但有的也可以长到手掌那么大。它们与刺盖鱼相像，但蝴蝶鱼体型稍小，鳃盖上有突起，还具有更细长的吻部。

多棘马夫鱼

褐带少女鱼

钻嘴鱼

细长的吻部不仅让蝴蝶鱼的身姿优美，还有更为实际的用处——捕食。不同种类的蝴蝶鱼有着不同的摄食习惯。一些种类以珊瑚礁的底栖生物为食，能用细长的吻部从珊瑚礁的缝隙中捕食多毛类和桡足类，吃掉珊瑚礁表面附生的海藻，有的甚至能直接吃掉珊瑚虫。还有些种类在珊瑚礁周围捕食浮游生物。蝴蝶鱼白天捕食，晚上休息。

乌利蝴蝶鱼

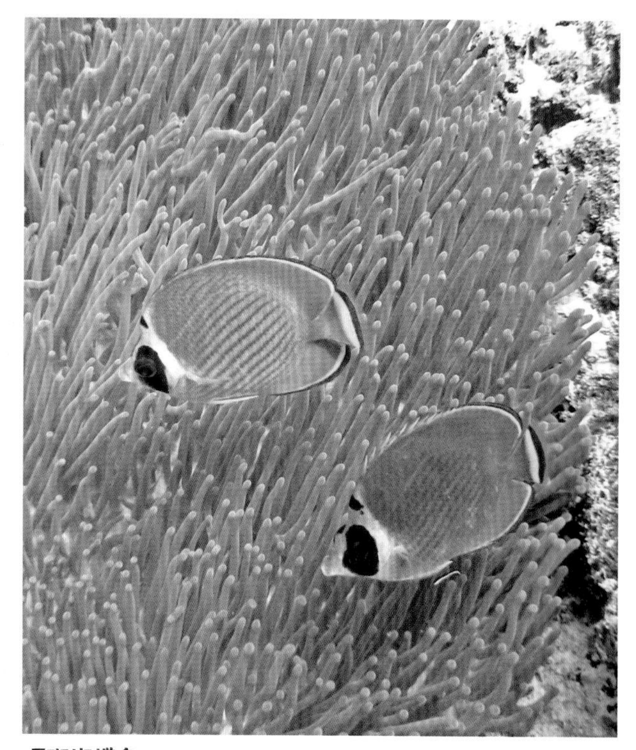
项斑蝴蝶鱼

丰富的生物让珊瑚礁成为蝴蝶鱼的“餐厅”，并为蝴蝶鱼提供居所以躲避天敌。鲨鱼、海鳝等凶猛的肉食性鱼儿都是蝴蝶鱼的天敌，而轻盈灵巧的蝴蝶鱼能藏身在珊瑚礁缝隙中，躲避这些捕食者。有的种类非常喜欢集聚成群，这不仅能让它们对捕食者的到来更加警觉，对捕食、繁殖等活动也有很多益处。

蝴蝶鱼可是海洋世界中的“模范夫妻”，很多种类成双成对地出没，一生都对自己的伴侣忠贞不渝。在繁殖季节，蝴蝶鱼会与自己的伴侣一起排卵、排精。受精卵随着海流漂泊到新的地方安家，继续繁衍生息。在天然的珊瑚礁环境中，蝴蝶鱼的寿命可达 7 年；在安逸的人工饲养环境中，有的蝴蝶鱼能够活 10 年甚至更久。

对于这些珊瑚礁的精灵来说，漂亮的外衣当然不只是用来炫耀自己的美丽，还有着更为

八带蝴蝶鱼

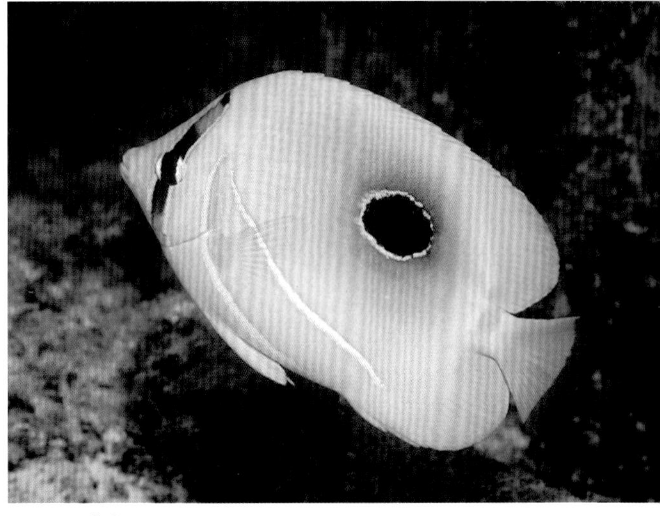

双丝蝴蝶鱼

实际的功能。八带蝴蝶鱼（又称为八线蝶）幼鱼的尾柄、双丝蝴蝶鱼的背部都有伪眼。当它们被捕食者追逐时，伪眼能迷惑捕食者，起到防御作用。

带刺的“玫瑰”——篮子鱼

说到篮子鱼，你最先想到的可能是海产品市场最常见的、“相貌平平”的褐篮子鱼。它身体侧扁，呈长椭圆形。相对于篮子鱼家族的其他成员来说，褐篮子鱼的外貌逊色了许多，银白色和褐色的体色在珊瑚礁中相当不起眼，也难怪它很难成为水族馆的观赏鱼。

褐篮子鱼

篮子鱼属共有 28 种鱼，随着水族业的发展，现在还包括一些杂交的种类。大多数篮子鱼并不像褐篮子鱼那般低调，而是呈现明亮的体色或者复杂的花纹。就拿狐篮子鱼来说，它的头部呈三角形，嘴很小而向前突出，好像噘嘴的样子。头部黑色、白色条带相间，像脸上涂满油彩的特种兵。与特种兵相似，狐篮子鱼掌握着高超的伪装技能：当夜晚来临或遇到危险时，它能将身体表面明亮的鲜黄色变换为暗淡的斑纹，隐匿于珊瑚礁的背景中。

变色的狐篮子鱼

篮子鱼主要分布在印度－太平洋，它们白天独自或成对在珊瑚礁觅食，但是有时候成群的篮子鱼幼鱼会聚集在死珊瑚周围，以死珊瑚上生长茂盛的藻类为食。到了夜晚，篮子鱼会在珊瑚礁的缝隙中休憩。科学家发现，长鳍篮子鱼睡觉的时候，有清洁虾（美丽尾瘦虾）为它做全身清洁，这样的睡眠多么惬意啊！

在自然环境中，篮子鱼主要以藻类为食。然而，科学家在红海发现的金带篮子鱼居然能捕食体型相对较大的水母和栉水母！还有科学家曾观察到褐篮子鱼以对虾为食。

身形丰盈、色彩鲜艳的篮子鱼如同珊瑚礁海域一朵朵绽放的玫瑰。受累于美丽的外表，篮子鱼被人类捕捞，不是作为食物，而是作为观赏鱼，尤其是高颜值的狐篮子鱼。但是别忘了，这些“玫瑰”同样带刺。篮子鱼的背鳍有 13 根硬棘，臀鳍有 7 根硬棘，就连腹鳍都有 2 根硬棘。这些硬棘被发达的毒腺武装着，虽然不至于给人造成致命的损伤，但会让被刺到的人疼痛难忍。所以当你在海边的小水湾里看到这些带刺的“玫瑰”时，千万不要用手去捉它们！同样，在水族箱的清洁和维护过程中，工作人员必须小心谨慎。

亮出硬棘的凹吻篮子鱼

千年难遇的好爸爸——海马

海马是刺鱼目海龙科海马属 50 多种小型定居性稀有鱼儿的统称，是海洋中最有特点的生物种类之一。它们因为与典型的鱼儿形态差别很大，一度被认为是某种海洋昆虫。海马的属名 *Hippocampus* 来自古希腊单词 hippo 和 kampos，意思分别是“马”和“海怪”。它们得此名字大概是因为形状独特的头部和颈部使它们看上去像马一样，而且分节的骨板、卷曲的尾巴和直立的姿态在鱼儿家族中显得有些怪异。

对海马的最早描述出现在澳大利亚北部安恒地区的洞穴墙壁上。末次冰期晚期，海平面上升，海洋侵蚀陆地，洪水泛滥，给当时的原住民创造了一览众多浅海生物的机会。他们发挥丰富的想象力，以海马为原型创造出了图腾——彩虹蛇。而在地球的另一边，从公元前 6 世纪开始，形似海马的生物就经常出现在古希腊、古罗马和伊特鲁里亚的神话和艺术作品中。其中最著名的就是海神波塞冬的战车，它由两只巨大的海马拉着。海马也经常被雕刻在坟墓墙壁上、瓦罐上和硬币上，足见当时人们对海马的喜爱。

海马的吻部细长，呈管状，这使得它们可以迅速吸食猎物。直立海马和吻海马可以在 6 毫秒内吸食一次浮游生物，这在所有硬骨鱼中是最快的。

作为鱼儿，海马当然也具备在水中生活所必不可少的“道具”——呼吸用的鳃，以及游泳所需的鳍和鱼鳔。然而，与其他鱼儿不同的是，海马是垂直游动的，靠背鳍产生推动力。海马没有鳞片，但体被坚硬的骨板。这些骨板的交界处还会形成嵴、突起和刺，是海马分类的重要依据之一。

用尾巴将自己固定在珊瑚上的刺海马

海马的寿命从1年到12年不等，多数为3~4年。不同种类的海马寿命差异比较大，体型较大的种类通常比体型较小的种类寿命要长。小海马出生后会迅速发育，不到一年就能达到性成熟，离开育儿袋时它们已经发育得相当成熟了。科学家普遍认为海马属于“r选择”的物种，也就是说，它们迅

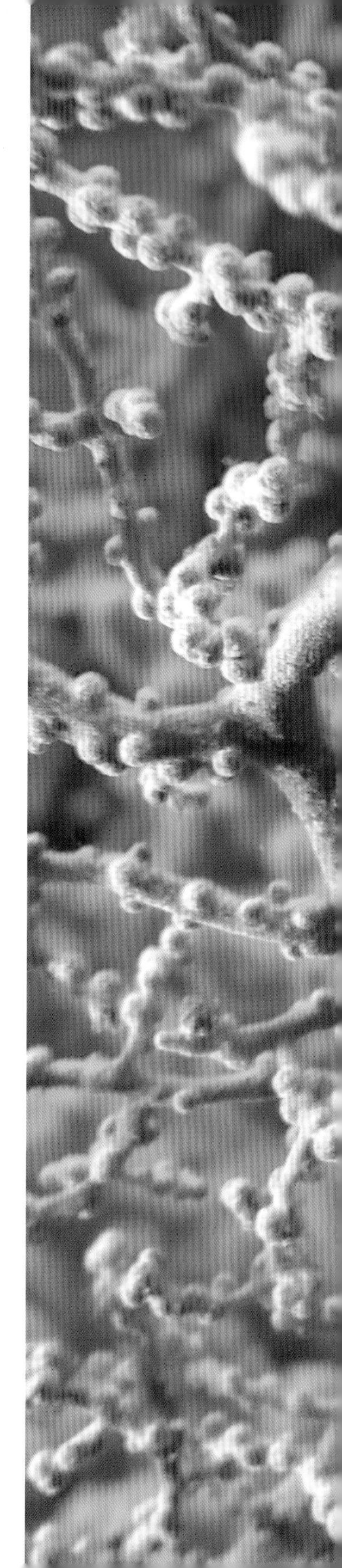

你能找到珊瑚丛中的巴氏海马吗?

速性成熟并且繁殖出数量较多的后代，不同于波纹唇鱼等性成熟缓慢、后代数量少的“k选择”物种。

海马的尾巴就像猴子的尾巴，可以让海马固定在一些固着生长的生物上，比如海草、珊瑚、海扇、海绵、红树树根等，甚至是一些人造的物体上，像渔网和垃圾。海马通常对抓握物没有什么偏好，但是有的种类却十分挑剔：科学家观察到，一只虎尾海马连续两年停留在同一株珊瑚上，一只浅黄海马则连续几个月都停留在同一株海扇上。还有的物种则对海绵和软珊瑚表现出特别的兴趣。其实这都不算什么，最挑剔的当属巴氏海马，它们只栖息在小尖柳珊瑚属的柳珊瑚上面，这是因为它们的伪装与这些柳珊瑚契合度高，让你几乎无法分辨。如果你有幸在潜水时见到可爱的海马，千万不要惊扰它们。可以尝试把手指慢慢地伸过去，它们可能会用尾巴勾住你的手指向你“打招呼”呢！

求偶行为是海马日常问候行为的延

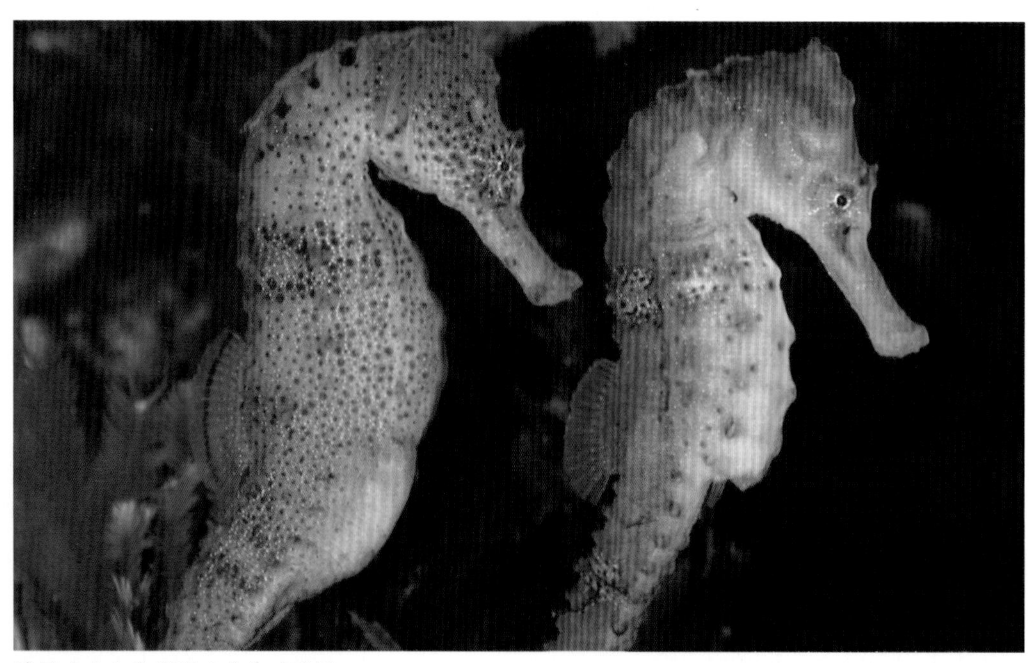

雄性（左）和雌性（右）吻海马

伸，通常是从海马爸爸开始。海马爸爸将海水来回吸入、排出自己的育儿袋，展示育儿袋又大又空。这时海马妈妈如果也做好了准备，就会加入海马爸爸的舞蹈：它们的体色变化着，身体表面的斑点或条纹更加明显，鳍“飘扬”起来，并排着游动。最终，海马妈妈在海马爸爸的育儿袋里产下卵。

一旦交配成功，海马爸爸就会抖动身体，将宝宝们稳妥地安顿在自己的育儿袋里，渐渐褪去交配时特有的体色。认真负责的海马爸爸会找一个安静的地方“安胎”。接下来，海马爸爸和海马妈妈还是会每天“问候”彼此，海马妈妈开始孕育新的卵。当小海马们逐渐在育儿袋中成熟，海马爸爸就会像鼓气一样，把它们“生”出来。可不要小瞧了这育儿袋，它具有发达的毛细血管，可以维持袋内水体成分的动态平衡。当小海马快要孵化时，袋内的水体便与海水非常相似。看到这里，你该知道了，小海马并不是由海马爸爸生的。准确地说，它们是由海马爸爸孵育和看护成长的。

中药“龙落子”

海马生活在热带、亚热带和温带海域，呈点状分布，种群密度很低。大多数种类的海马生活在水深 20 米以内的浅海，也有的种类会在寒冷的季节向深海迁徙。

小海马在幼鱼期营浮游生活，随着洋流分散到各处。尽管海马的浮游期很短，但是小海马却成功地遍布全球海域，这大概要归功于海面上的各种漂浮物了。小海马会把自己挂在漂浮的海草等物体上，随着水流到达很远的地方。这个“漂浮物假说”已经从基因层面得到了证实。

在中医中，有“龙落子”这么一味药，其实就是海马。这味药被认为有健身、消痛、强心、散结、消肿、舒筋活络、止咳平喘的功效。这使得海马被大量捕捞、晒干，然后被摆在药店的柜台中，甚至被一袋一袋地放在路边叫卖。

除了作为中药，海马还流通于水族产业。西方人从古罗马时代开始就尝试着人工养鱼。到了19世纪，养鱼发展成了人们的一种爱好。现如今，仅仅在美国就有将近1 000万个家庭水族箱，其中至少70万个是海水水族箱。这些水族箱中的“居民”，大多数是直接从它们的原生环境中捕捞上来的，70%~90%都活不过一年时间。海马尤其不容易饲养，它们对食物很挑剔，也很容易患病死亡。

还好，海马现在已经被列入《世界自然保护联盟濒危物种红色名录》(简称《IUCN红色名录》)，其中有2种濒危海马和12种易危海马。同时，它们也被列入了《濒危野生动植物种国际贸易公约》(CITES)附录Ⅱ。该公约要求，所有海马物种的国际贸易均应当控制在合理范围，以保证海马的野生种群不受到严重影响。

珊瑚礁“骑士”——中华管口鱼

在珊瑚礁海域，有时能看到一种身体纤细的鱼儿。它的吻部如同细长的吸管，长杆状的身体仿佛悬浮在水中的树枝，身上覆盖着细小的鳞片，胸鳍小得几乎看不出来，尾鳍边缘呈光滑的弧形。有趣的是，它的上颌无牙，只在下颌前端排列着细小的牙。这种颀长的鱼儿就是中

中华管口鱼

中华管口鱼

华管口鱼。它常常出没于清澈的浅水区，总是独自出行，略显孤单。不过，它所在的管口鱼家族“势力”强大，分布广泛，从非洲到夏威夷、从日本到大洋洲的珊瑚礁海域都可能成为管口鱼的领地。它们个个身姿修长挺拔，就像珊瑚礁“骑士”。

珊瑚礁鱼儿在变色这一技能上表现得十分出色，中华管口鱼也不例外。它的体色会随着多变的环境而变化，从鲜艳的黄色到耀眼的浅绿色，从饱满的橙色到深沉的棕褐色。这样出色的变色本领让中华管口鱼总能成功地隐匿于珊瑚礁世界中。不变色的时候，中华管口鱼是狂热的“条纹爱好者”。灰白色或红棕色的底色配以浅色条纹，黄色或深绿色的底色配以横向或纵向的条带，是“管口鱼界”十分流行的装扮。

中华管口鱼是不折不扣的肉食性鱼儿。它那吸管一样的吻部在吸食小型的鱼儿和甲壳动物时很有优势。虽然它细长的身躯灵活度较低，不便于追捕猎物，但它有办法！它常以头朝下、尾朝上的倒立姿势静止不动，配合体色的变化，便成功地伪装成珊瑚。只要耐心地等待猎物接近，再突然袭击，就能收获一顿美餐。此外，中华管口

中华管口鱼和篮子鱼

鱼还有一个聪明的捕食方法——借助大鱼的力量，如它的“最佳拍档”篮子鱼。它先隐藏起来，待篮子鱼游过，便以迅雷不及掩耳之势伏到篮子鱼背上，跟着灵活的篮子鱼共同捕食，一副骑士的样子。

这两种觅食绝招不仅能让中华管口鱼解决温饱，还能在一定程度上保障它的安全。“伪装者”的伎俩，常被它用于迷惑天敌；而依附在大鱼身上的时候，它表面上是“骑士”，实际上是在“抱大腿”，以谋得一段安宁时光。

罕见的蓝色素制造者——花斑连鳍䲗

说起花斑连鳍䲗，你可能颇感陌生。但对于水族爱好者来说，“青蛙”却是一个再熟悉不过的名字了。花斑连鳍䲗因眼睛微微突起于头部，酷似青蛙而得名。此外，它还被称为“官服鱼”，这是因为它多彩艳丽的体色很像清代官员所穿的官袍。相信许多人第一眼见到它，都会惊叹：“哇！太漂亮了！”是啊，这种拥有斑斓体色的鱼儿，确实会让人一眼爱上。

花斑连鳍䲗属于鲈形目䲗亚目䲗科连鳍䲗属。与它关系较近的物种还有身上满是闭合性斑纹、让人看得头晕的绣鳍连鳍䲗。连鳍䲗是热带珊瑚礁鱼儿，主要分布于西太平洋。

花斑连鳍䲗

绣鳍连鳍䲗

花斑连鳍䲗的体形与虾虎鱼相似，体表具有鲜艳的蓝色和橙色花纹，仿佛一幅精美的沙画，这也是它深受水族爱好者宠爱的原因之一。花斑连鳍䲗的大眼睛周围还有一圈彩色“眼影”，嘴巴也微微突起，就像噘起嘴撒娇的小姑娘。

喜欢养海水观赏鱼的人想必都了解，花斑连鳍鲔是一种底栖性鱼儿，在自然状态下，它一般生活在水深不超过 18 米的珊瑚礁海域。它生性十分胆小，一般躲在珊瑚礁的缝隙中，慕名而来的潜水者们很难在白天看到它。在鱼缸中，它也是躲躲藏藏，不会轻易让人发现。花斑连鳍鲔一般只在黎明或黄昏才小心翼翼地游出珊瑚礁缝隙觅食和玩耍。当它“趴”在海底时，还会扇动着一对好看的腹鳍，就像在海底行走。

花斑连鳍鲔吃东西一点儿也不挑剔，桡足类、多毛类、小型腹足类、介形类、鱼卵等等，都会成为它的“盘中餐”。如果你潜水时有幸看到它，会发现它似乎喜欢啃珊瑚，其实，它是在有选择地啄食那些被困在珊瑚基板中的小动物。

花斑连鳍鲔的繁殖活动也发生在珊瑚礁。小群的雄鱼和雌鱼在夜间聚集在一起，排着队游到距离海底大概一米的地方，释放精子和卵。雌鱼每天只产一次卵，而且未来几天可能不再产卵，因此，每条雌鱼都有许多追求者。按照自然法则，这时，体型更大、更强壮的雄鱼会更容易得到交配机会。

在生物学研究中，花斑连鳍鲔的一个特点是非常值得关注的，那就是它身上那抹靓丽的蓝色。花斑连鳍鲔的体表、鱼鳍有十分美丽的亮蓝色，像做“鱼体”彩绘的艺术家。花斑连鳍鲔皮肤具有真正的蓝色素细胞，其中含有的蓝色素形成了蓝色小体，在蓝色小体的作用下，花斑连鳍鲔体表显现出了蓝色。所以有人说，花斑连鳍鲔体表的蓝色是来自蓝色素的“真蓝色”，而不是其他生物那样由虹彩细胞折射形成的“假蓝色”。实际上，这种“真蓝色”在整个脊椎动物类群中也非常罕见。目前已知的脊椎动物当中，花斑连鳍鲔是具有“真蓝色”的两种动物之一。另外一种是谁呢？远在天边，近在眼前！它就是刚刚提到的与花斑连鳍鲔同属的绣鳍连鳍鲔。

珊瑚礁间翩翩舞——拟花鮨

珊瑚礁之所以色彩斑斓，除了珊瑚本身的美丽外，各种体色艳丽的鱼儿也贡献了很大的力量，就比如说拟花鮨。它们虽然不像蝴蝶鱼那般引人注意，也不像小丑鱼那般人尽皆知，但仍是珊瑚礁不可或缺的成员。拟花鮨在水中成群游动时，延长的腹鳍舞动着，就如落英缤纷般美丽迷人。

拟花鮨又叫作“花鲈”，属于鲈形目鮨科拟花鮨属。没错，它们和大名鼎鼎的石斑鱼属于同一科。比起身体壮硕又鲜嫩无比的石斑鱼，拟花鮨小巧玲珑且食用价值不高，却凭借美丽的外表和灵动的身形被卷入“看脸”的水族产业。在水族馆或者鱼市，拟花鮨通常被称为“宝石”。比

刺盖拟花鮨

雌性侧带拟花鮨和一条双斑笛鲷

雄性侧带拟花鮨

如侧带拟花鮨，雄鱼体色粉红，且体侧有一个方形白斑，被称为“紫印”；而雌鱼通体亮黄色，就像镶嵌在王冠上的黄色宝石，被称为“王宝石”。又如刺盖拟花鮨，身体上半部呈橙色，下半部偏紫红色，背鳍边缘有一条蓝紫色的条带，头部由吻端至胸鳍基部也有一条镶淡蓝紫色边的黄色条带，故而刺盖拟花鮨被称为“金花宝石”。拟花鮨的身体延长而侧扁，呈完美对称的纺锤形。它们的尾鳍呈深叉形，不同种类的尾鳍形状有所差异，像刚刚提到的侧带拟花鮨的尾鳍，形状如同月牙铲。

拟花鮨分布在热带海域，主要以浮游动物为食，也会食用一些漂浮的丝状藻类。它们栖息于海水清澈的珊瑚密集区或礁石上方，有的种类栖息水域较浅，有的种类栖息在水深超过 50 米的海域。在自然状态下，它们经常在较开阔的海域大群聚集，捕食浮游动物；而在水族馆中，人们则会给它们投喂小虾以及由浮游动物制成的饵料。

拟花鮨具有性逆转现象。与小丑鱼不同的是，拟花鮨生下来都是雌性，之后一部分个体会变成雄性。它们通常有自己的小群体，由一条占主导地位的、色彩艳丽的雄鱼和 2~12 条雌鱼组成。群体中成员的等级明显，处于主导地位的雄鱼在上，雌鱼在中，小鱼在下。当雄鱼死亡或消失后，体型最大的雌鱼就会发生性逆转来填补空缺。本就十分好看的雄鱼，在发情期还会披上醒目的婚姻色。

珊瑚礁“紫罗兰”——弗氏拟雀鲷

许多珊瑚礁鱼儿色彩斑斓，体表就像五颜六色的调色板。而这次的主角，通体只以一种颜色为主。它就是珊瑚礁“紫罗兰”——弗氏拟雀鲷。除了两眼间的黑色条带外，弗氏拟雀鲷体表布满紫色。令人惊奇的是，它的鱼鳍也呈现与体色相同的紫色。

弗氏拟雀鲷属于鲈形目拟雀鲷科拟雀鲷属。如果你爱好潜水，那可要注意了：只有在红海才能找到“紫罗兰”的身影。它经常在水深不超过 60 米的暗礁附近活动，以

弗氏拟雀鲷

便捕食过往的浮游动物。在自然状态下，由于海水对红光的吸收，它看上去是蓝色的，而非人们常见的洋红色或紫色。

如此可爱的“紫罗兰”怎会不被水族爱好者所钟爱呢？在自然界中以小型无脊椎动物为食的弗氏拟雀鲷，即便到了水族馆里，也能很快接受冷冻饲料甚至是干饲料，所以它很好养活。如果食物管理不当导致维生素缺乏，可能会使它发生严重的褪色现象，这通常被认为是鱼儿老去的标志。然而，通过补充维生素，这种“衰老”通常是可逆的。

弗氏拟雀鲷的领地意识并不是很强，所以在一个水族箱内可以同时饲养几只，而且它们会形成由一条雄鱼带领的“家庭”。不过“领导者”可不好当，雄鱼还要肩负起照顾下一代的重任呢！

虾虎鱼里的“尼莫”——橙色叶虾虎鱼

小丑鱼尼莫可谓家喻户晓。珊瑚礁海域还有一种鱼儿，同样有着鲜艳明黄的体色和亮眼的横带，莫非它是小丑鱼的近亲？当然不是，这种鱼儿属于虾虎鱼科叶虾虎鱼属，名字叫作橙色叶虾虎鱼。它同样生活在珊瑚礁，主要出现在印度－西太平洋水深20米以内的海域。

橙色叶虾虎鱼虽然体色与小丑鱼相近，但其他体貌特征与小丑鱼有明显不同。橙色叶虾虎鱼体侧的横带并不像小丑鱼的那样宽，而且有两条窄窄的灰蓝色横带穿过眼睛，就像“刀疤脸”，

橙色叶虾虎鱼

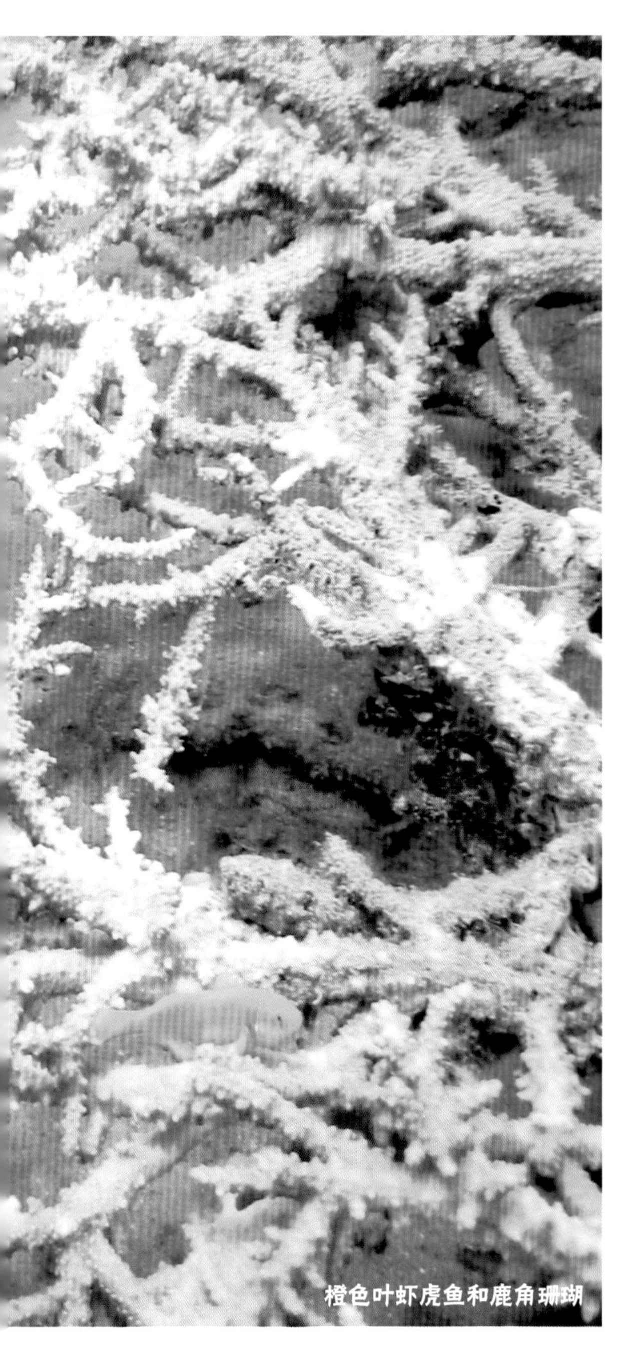
橙色叶虾虎鱼和鹿角珊瑚

看上去有些凶狠。它的头部后方还有两条同样颜色的横带，胸鳍基部有一个小黑点。另外，它的背鳍和臀鳍基部也有两条灰蓝色的条带，好像有人沿着鱼鳍描画上去的。

与小丑鱼一样，橙色叶虾虎鱼也有自己喜欢的环境，不过它偏爱的对象不是海葵，而是鹿角珊瑚属的珊瑚。橙色叶虾虎鱼生性胆小，领地意识却很强，终其一生都在鹿角珊瑚身边，受其庇护，以小型无脊椎动物为食。出人意料的是，胆小的橙色叶虾虎鱼居然会分泌有毒的黏液！这种黏液将它的身体包裹住，是对天敌的有力防御。

艳丽的体色让橙色叶虾虎鱼成为水族箱中最常见的虾虎鱼科成员。在自然条件下，橙色叶虾虎鱼通常成对或者以小群体的形式结伴活动。在橙色叶虾虎鱼的小群体中，也存在“一夫多妻”现象和性逆转现象。小群体失去雄鱼后，体型最大的雌鱼会转变成雄鱼，扛起“一家之主”的重担。

珊瑚礁“小孔雀”——蓝绿光鳃鱼

珊瑚礁鱼儿的配色通常像打翻了的调色盘，大红大绿都“穿”上了身。然而，总有一些鱼儿与众不同，比如配色非常“小清新”、珊瑚礁“小孔雀”一般的存在——蓝绿光鳃鱼。

蓝绿光鳃鱼属于鲈形目雀鲷科光鳃鱼属，是一种典型的珊瑚礁鱼儿。它们分布在印度－太平洋热带和亚热带水深1~20米的海域。

看过海洋纪录片或者曾实地潜水的朋友们或许会记得，在大簇或者成片的鹿角珊瑚周围，经常会有一大群盘旋着的蓝绿光鳃鱼。当遇到危险时，它们会迅速躲进鹿角珊瑚丛中。蓝绿光鳃鱼的幼鱼则经常围绕着鹿角珊瑚的某个分支顶部生活和觅食。蓝绿光鳃鱼的主要食物是海水中的浮游动物，尤其是桡足类。

蓝绿光鳃鱼通常在沙子或者碎石处进行繁殖活动。在繁殖季节，雄鱼逐渐改变自己的体色，身体后半部分的颜色变深，甚至呈黑色。像很多其他珊瑚礁鱼儿一样，雄性蓝绿光鳃鱼会肩负起筑巢的重任，为雌鱼提供舒适的产卵环境。它还要保护好自己的巢穴，用尾鳍扇动水流来给受精卵提供充足的氧气。同时，它也会吃掉没有受精的卵。

凭着以蓝绿色调为主的“小清新”配色，蓝绿光鳃鱼成了家庭水族箱中的“常客”，甚至已经可以在人工条件下繁殖了。但是要注意，像蓝绿光鳃鱼这样小巧可爱的珊瑚礁鱼儿，是不能与凶猛的肉食性鱼儿一起饲养的，否则，“小清新”就成了“盘中餐”。

黑白相间的动物还有我——宅泥鱼

说到“黑白相间的动物”，你最先想到的是不是熊猫或者斑马呢？其实在珊瑚礁中，也有一种黑白相间的小生物，它就是宅泥鱼。

宅泥鱼

宅泥鱼属于鲈形目雀鲷科宅泥鱼属，是非常典型的珊瑚礁鱼儿，分布在除了大西洋之外水深 20 米以内的热带海域。宅泥鱼通常营群体生活，如果你有机会去我国南海的西沙群岛潜水，就会看到宅泥鱼群体在珊瑚周围觅食。最大的群体中宅泥鱼可达 30 条之多！宅泥鱼的领地意识很强，会牢牢守护着自己的庇护所。但是在觅食时，它也会离开庇护所，到稍远的地方寻找浮游动物、底栖无脊椎动物和藻类等。

与许多珊瑚礁鱼儿一样，一个宅泥鱼群体中只能有一条雄鱼，雌鱼则按体型大小排出高低等级。到了繁殖季节，雄鱼在珊瑚基部筑巢，它先把周围的海藻和碎屑都清理干净，然后跳起求偶舞，引诱雌鱼产卵。一条雄鱼可能会与几条雌鱼交配，从而在它的巢中收获几千颗受精卵。受精卵孵化之前，鱼爸爸会尽职尽责地守护着它们。44~50 小时后，鱼宝宝出世啦！不过，孵化后的鱼宝宝不再躲在鱼爸爸的鳍下，要开始自己的浮游生活。别看宅泥鱼体型小，它的寿命可达 9 年甚至更长！

身披“条纹衫”的底行一族——威氏钝塘鳢

相信很多人都曾幻想过拥有人鱼的尾巴，欢快地在海中畅游。可是那些天生拥有游泳条件的鱼儿里，却偏偏有些“懒汉”，它们就喜欢贴地“走”！威氏钝塘鳢就是这样的鱼儿。

威氏钝塘鳢属于鲈形目虾虎鱼科钝塘鳢属。它身着红黄相间的“条纹衫”，头部、身体前部及胸鳍基部有许多浅蓝色的亮斑，非常显眼。它的背鳍和尾鳍都是灰白色，上面点缀着红色的斑点和纵纹；臀鳍灰褐色，有两条橙色的线纹；胸鳍则保持着“小清新”的透明色。大多数虾虎鱼科的鱼儿本着“低调”的原则，体色灰暗。威氏钝塘鳢的“条纹衫”打扮算是“另类”了。

威氏钝塘鳢是珊瑚礁常见的鱼儿，可以生活在水深 5~40 米的海域，但它更偏爱水深 5~15 米的浅水礁区。威氏钝塘鳢生性胆小。捕食时，它小心翼翼地从藏身的洞穴中

与鼓虾共生的威氏钝塘鳢

威氏钝塘鳢

探出脑袋，等到猎物足够近时，再一举擒获。它捕获的通常是小型底栖无脊椎动物和浮游动物等。不过，威氏钝塘鳢可不是建造洞穴的高手，它需要与鼓虾属的一些种类共生，依靠鼓虾建造洞穴。一旦一只鼓虾和一条威氏钝塘鳢成为“一对儿”，它们就不会轻易离开彼此。威氏钝塘鳢通常守在洞穴入口附近，而鼓虾则会留在后方，用触角与威氏钝塘鳢的尾巴保持联系。

在水族爱好者的“收藏品”中，也能看到威氏钝塘鳢的身影。不同于其他“坐以待毙”的鱼儿，威氏钝塘鳢可能会拼命一搏，从没有盖子的水族箱中跳出来。如果你的水族箱里有威氏钝塘鳢，为了防止它出逃，别忘记向它的食谱中添加藻类，而且要保证它一日两餐无忧。

尾藏“暗器”——刺尾鱼

有的珊瑚礁鱼儿身上的花纹线条明晰，用色大胆，可以说非常“招摇”！额带刺尾鱼就是这么一种“招摇”的鱼儿。黄色的脸上布满了蓝色的蠕纹，但在眼附近，蠕纹消失，一条橙黄色的带子横穿额头，连接两眼，像是一张面具。额带刺尾鱼不仅在珊瑚礁常见，也是水族馆中的“明星”。与额带刺尾鱼同属于刺尾鱼科刺尾鱼属的黄尾副刺尾鱼更是“红得发紫”。高贵的蓝紫色外衣、醒目的黄色尾鳍和背部调色板状的图案，让它在《海底总动员》等动画作品中大放异彩。

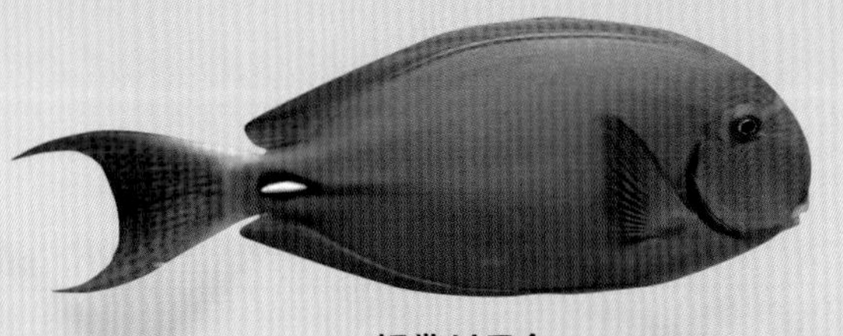
额带刺尾鱼

刺尾鱼身上最大的特征当然是“刺尾”。额带刺尾鱼的尾柄两侧各有一枚白色的倒棘，棘的基部为黑色，后面拖着弯月

黄尾副刺尾鱼

形的蓝色尾鳍。除了尾鳍，额带刺尾鱼的其他鳍也很好看：胸鳍呈三角形，上半部分黄色，下半部分则是蓝色；背鳍和臀鳍都是黄色的，边缘和基部还带着蓝色。需要注意的是，额带刺尾鱼的背鳍和臀鳍也有硬棘，“抚摸”须谨慎。而黄尾副刺尾鱼的身体上图案鲜明，尾柄上的棘却与尾鳍的黄色部分浑然一色，难以分辨。近距离接触黄尾副刺尾鱼时，一定要小心。

除了上述两种刺尾鱼外，还有一种比较奇特的刺尾鱼——蓝刺尾鱼。在它的一生中，体色变化有 3 个阶段：幼年阶段，鱼体是明亮的黄色；当它慢慢成熟，鱼体颜色逐渐变暗，体侧出现灰褐色的纵纹，背鳍和臀鳍的边缘呈现亮蓝色；成年蓝刺尾鱼呈深蓝色，略带紫色，体侧还有波纹般的蓝色条纹，与水体完美融合在一起。

刺尾鱼分布在印度 - 太平洋的热带珊瑚礁海域，幼鱼生活在长满藻类的礁区。它们是日行性鱼儿，白天出来觅食，主要吃藻类和碎屑。喜欢潜水的小伙伴们能够在较深的礁区斜坡以及沉船处看到它们成群结队的身影。

蓝刺尾鱼的体色变化

常客

海中“军士长”——豆娘鱼

海中“军士长”可能会让你联想到满口利牙、面目狰狞的肉食性鱼儿，其实，它们是一类小巧可爱的鱼儿——豆娘鱼。“军士长”的美称，来源于它们身体侧面很像军士肩章的 5 条黑色条纹。豆娘鱼经常成群结队活动，可形成多达几百条鱼的鱼群，在珊瑚礁海域非常惹人注目，就像训练有素的军队，巡弋着它们的领地。

不同的领地有不同的驻军把守：在大西洋，特别是加勒比海，岩豆娘鱼在珊瑚礁巡逻；太平洋和印度洋是五带豆娘鱼的地盘。两种豆娘鱼的差别主要体现在形态上：岩豆娘鱼可能存在第六条带，位于尾柄基部，不是十分明显。在漫长的演化过程中，它们共同的祖先群体很可能被大陆所阻隔，沿着不同的路线演化成了两个物种。豆娘鱼对温度特别敏感，只能生活在

五带豆娘鱼

岩豆娘鱼

热带和亚热带的温暖海水中。在我国台湾和海南的珊瑚礁海域，它们是“常客”。

海中“军士长”当然要有一身迷彩服。在五彩缤纷的珊瑚礁世界中，豆娘鱼根据环境的不同变换着不同的“外衣”：在明亮的沙质海底和珊瑚礁上方游动时，它们会呈现相对明亮的浅灰色，有时还会闪着绿色的光；当它们隐藏在珊瑚礁或者岩石的缝隙中时，身体往往会变成深灰色，甚至掩盖了身上的条纹。这种颜色变化也常常发生在繁殖时期的雄鱼身上。豆娘鱼可以变色的“外衣”就像军士长的迷彩服一样，使它们能更好地隐藏在周围的环境中。

在繁殖季节，雄性豆娘鱼不仅会发生体色变化，还会给自己和未来的“家人”建造一个舒适的巢，并与到来的雌鱼追逐舞蹈。度过短暂的“蜜月期”之后，雌鱼会在巢中产下上万颗红色的卵，等待着新生命的孵化。与军人一样，豆娘鱼有“保卫家园”的强烈责任感。除了护巢，雄鱼还要照顾孵化中的鱼卵，做个好爸爸。小豆娘鱼孵化出来后，会在浩瀚的大海随波逐流，直到寻找到新的珊瑚礁。漂浮在水面上的海草为流浪的小豆娘鱼提供临时的住所，帮助它们在危机四伏的大海中生存下来。

像一些清洁鱼（如佛罗里达霓虹虾虎鱼）一样，小豆娘鱼也是珊瑚礁海域的“清洁工”，它们可以为海龟清除身体表面的寄生虫和老化的皮肤，同时也得到充足的食物。成年的豆娘鱼以附着在珊瑚礁上的藻类为食，也捕食浮游生物和小型底栖生物。它们经常结伴觅食，形成颇为壮观的鱼群。巴西沿岸的豆娘鱼有时还会食用海豚的粪便与呕吐物，作为“清洁工”可以说尽职尽责了。

海中夜行者——鳗鲇

鳗鲇的头部看起来像海鲇，尾部看起来却像海鳗，于是就有了“鳗鲇”这个名字。那么，它们到底与海鳗的亲缘关系更近，还是与海鲇的亲缘关系更近？其实，说它们是海鲇的“亲戚”会更恰当些，因为它们与海鲇同属鲇形目，不然它们就该改名叫“鲇鳗”了。

鳗鲇分布在印度－太平洋的热带和亚热带海域。它们当中最出名的是线纹鳗鲇。线纹鳗鲇没有鳞片，棕色的身体两侧各有两条明显的白色条纹。它长大后，白色条纹就不再那么明显。它的嘴周围有 4 对须，看上去就像猫的胡子，或许这就是它的英文名 catfish 的来历吧。

线纹鳗鲇虽然是 catfish，却没有猫那么温顺。它的第一背鳍和胸鳍的硬棘呈锯齿状，具有毒腺，如果不幸被这些硬棘刺伤，会感到疼痛难忍，甚至危及生命，所以不要轻易招惹它。我国沿海地区流传着这么一句话：“一魟二虎三沙毛。”这句话讲的

线纹鳗鲇

是3种令渔民望而生畏的鱼儿，如果被它们刺到，可是非常难受的。其中，“虎”指的是狮子鱼等，而“沙毛”指的就是鳗鲇了。

线纹鳗鲇是一种集群性鱼儿，经常成群结队地活动。幼鱼在这一方面则表现得更独特：当受到惊扰时，它们会紧密聚集成球状，被称为“鲇球”，这是它们保护自己的一种方式。线纹鳗鲇是“夜猫子”，白天栖息在岩礁或者珊瑚礁的洞穴中，晚上才会出来觅食。如果你潜水时看到线纹鳗鲇，会发现它喜欢贴着沙质海底游动，那是它在搜寻多毛类和甲壳类猎物呢！

请让我们在珊瑚礁相遇——波纹唇鱼

或许你对波纹唇鱼这种美丽的生物并不陌生：在设施完善的水族馆里，它落寞徘徊；在热闹鱼市的玻璃缸中，它又那般孤单无助。大多数人似乎忽视了这个事实——温暖而美丽的珊瑚礁才是波纹唇鱼的乐土。

波纹唇鱼有许多俗称。成鱼的前额突出，像拿破仑的帽子，所以它在有的国家被称为“拿破仑鱼”；而在我国，它因为眼睛后方有两条形似眉毛的黑色条纹而被称为“苏眉”。除了这两个明显的特征外，波纹唇鱼还有又大又厚、斜裂向下的嘴唇。成年波纹唇鱼头部两侧的花纹从眼睛向周围发散，斑纹明显，色彩艳丽。不同个体的花纹各异，犹如人类的指纹，是辨识“身份”的可靠依据。

波纹唇鱼

波纹唇鱼是隆头鱼科现存体型最大的一种鱼儿，也是寿命最长的

波纹唇鱼

珊瑚礁鱼儿之一。从体型来看，波纹唇鱼“男强女弱”。雄鱼的体型要比雌鱼大得多，往往能够达到体长 2 米、体重 180 千克！雌鱼则很少有体长超过 1 米的。就寿命而言，波纹唇鱼的平均寿命长达 30 年。目前发现最长寿的波纹唇鱼超过了 50 岁！

从非洲东岸、红海到印度 – 太平洋这片广阔的海域都有波纹唇鱼的踪影。同一片海域里，波纹唇鱼幼鱼和成鱼偏爱的生活环境有所不同：幼鱼生活在珊瑚礁附近沙质底的浅水区，成鱼则大多生活在珊瑚礁区更深的水域。波纹唇鱼喜欢独处，偶尔也会一雌一雄或者几条结伴出现。

波纹唇鱼还是珊瑚礁诸多具有性逆转能力的鱼儿之一，是雌性先熟的雌雄同体鱼儿。它通常在 4~6 龄达到性成熟；9 龄左右，群体中会有一部分雌性发生性逆转，成为雄性。影响波纹唇鱼性逆转的关键因素尚未可知。每年到了繁殖季节，成年的波纹唇鱼会聚集在珊瑚礁的礁盘边缘，有时繁殖群体甚至由多达 100 条鱼儿组成。求偶狂欢开始了！雄鱼向海面游去，一边展示着臀鳍，一边将尾鳍和背鳍折叠起来，吸引雌鱼。此时，雌鱼若做好了产卵准备，就会跟随雄鱼向上游，找一处较安静的海面产卵。漂浮的卵和精子会在水中相遇，完成受精。幼鱼结束浮游生活之后，珊瑚礁又迎来崭新的生命。

波纹唇鱼的生存状况并不乐观，已被《IUCN 红色名录》列为濒危物种。波纹唇鱼如今处境艰难的一个原因是它的低繁殖率。不过更严重的威胁来自人类，栖息地被破坏、珊瑚礁鱼类贸易、毁灭性的捕鱼方式等，使波纹唇鱼的种群数量在过去的几十年中减少了约 50%。尽管如此，仍有许多人把它当作盘中珍馐。现在采取行动挽救这种珍稀的生物尚且不晚，希望有一天，波纹唇鱼能再次无忧无虑地在珊瑚礁海域畅游！

都是美味惹的祸——石斑鱼

鞍带石斑鱼

伊氏石斑鱼

说起海鲜，食客们或许会提到“海中八珍”：燕窝、海参、鱼翅、鲍鱼、鱼肚、干贝、鱼唇、鱼子。但要论海里最好吃的鱼，石斑鱼可能会被排在第一位。在人类眼中，石斑鱼恐怕已经不再是可爱的海洋生物，而是“游动的食物”了。

石斑鱼是鲈形目石斑鱼科石斑鱼属的鱼儿。它们虽然体形相似，看上去都很“憨厚”，但是大小差别很大，既有最长才 12.5 厘米的短身石斑鱼，又有能长到 270 厘米长、400 千克重的鞍带石斑鱼。尽管鱼儿的一生都在持续生长，但生长速度也会随着年龄的增长而下降。如伊氏石斑鱼，6 龄前每年体长至少增长 10 厘米，但在 25 龄后每年最多长1厘米。大多数种类的石斑鱼体色比较暗淡，以灰褐色为多，身体两侧有许多斑点或者斑纹。石斑鱼是凶猛的肉食性鱼儿，经常会对小鱼、小虾、小螃蟹和头足类等搞“突袭”。

石斑鱼刚出生时都是“少女”，身体长到一定的长度后，它们就会发生性逆转，成为“少年”。每条雄鱼带领的“家庭”中有3~15条雌鱼。不过，有的石斑鱼种类是一雌一雄成对繁殖的，因而体型较大的雄鱼更有希望在竞争中获胜。在没有雄鱼存在的时候，体型最大的雌鱼会转变为雄鱼来提高适应性。在自然界，石斑鱼雄鱼往往多于雌鱼，这对它们的“传宗接代”造成了不利影响。另外，石斑鱼性成熟所需的时间普遍较长，这也是它们繁殖率较低的原因之一。

石斑鱼幼鱼和成鱼的“性格”差别很大。幼鱼喜欢待在浅水区。蜂巢石斑鱼的幼鱼就很喜欢待在鹿角珊瑚附近，它们活泼好动，很容易成为钓鱼爱好者的“战利品”。成鱼则“深居简出”，经常待在洞穴里或者较深的水域。比如，巨石斑鱼喜欢水深超过50米的栖息地。还有一种石斑鱼因为常活动于淤塞的礁区，就直接被称为珊瑚石斑鱼了。

蜂巢石斑鱼

眼带石斑鱼

石斑鱼因体型巨大、生长缓慢、繁殖率低而容易受到过度捕捞的影响。石斑鱼属的 87 个物种中已经有 33 种的种群数量处于下降趋势，只有极少数种类的种群数量比较稳定。例如，眼带石斑鱼已经被 IUCN 列为极危物种。

高智高的鱼儿——石鲷

提到水族馆里的“大明星”，首先浮现在你脑海的可能是海豚、白鲸、海豹这些哺乳动物。它们能够完成高难度的杂技动作，为人们奉献了一场场精彩的演出，令人印象深刻。一些珊瑚礁鱼儿也能在人类的训练下学会钻圈圈、顶高尔夫球这些精细的动

条石鲷

斑石鲷

作，与海豚、海豹相比毫不逊色。这些高智商的鱼儿就是石鲷，它们甚至被有些人称为“鱼类中的爱因斯坦”。鱼类学家曾在水族箱中设置迷宫，聪明的石鲷轻易便能找到出口。

石鲷属于鲈形目石鲷科石鲷属，分布在印度－太平洋的珊瑚礁海域和近海。幼鱼把漂浮的海藻当成“幼儿园”，并且会随着海藻扩散到其他海域。

石鲷当中体型最大的当属岬石鲷，体长可达 90 厘米。石鲷的身体从侧面看呈长卵圆形，这是典型的珊瑚礁鱼儿的体形。不同种类的石鲷有各自的特征。眼带石鲷灰黄色的身体上，有 5 条宽窄不一的横纹，头部的横纹还穿过眼睛，这就是它名字的由来。在我国海域常见的条石鲷虽然与眼带石鲷的外形相似，但它的体侧有 7 条横带，条带宽度也更均匀。当然，也有的种类不喜欢用条带装饰自己，如斑石鲷，它那闪着银白色光泽的灰褐色身体上，遍布着黑色的小斑点，夜晚被光一照，非常耀眼。

石鲷的一个突出特点就是颌齿愈合成鹦鹉喙状，这使得它们可以轻松地将贝类和海胆等生物的坚硬外壳咬碎。所以，千万不要被石鲷“老实”的外表和炫酷的杂技所欺骗，它们可是凶猛的肉食性鱼儿。

石鲷虽然凶猛，但这丝毫不影响它们“浑身都是宝”的属性。它们身体的许多部位能做成美味佳肴，肉质紧实，吃起来颇有龙虾肉的口感。因此，石鲷成为深受广大食客喜爱的美食。由于偏爱栖息在礁区，石鲷难以被拖网、流刺网等工具轻松捕获。要想捉住独来独往的石鲷，只能通过矶钓的方式。石鲷的牙齿十分锐利，它们即便上了钩，也很有可能将鱼线咬断，逃之夭夭。

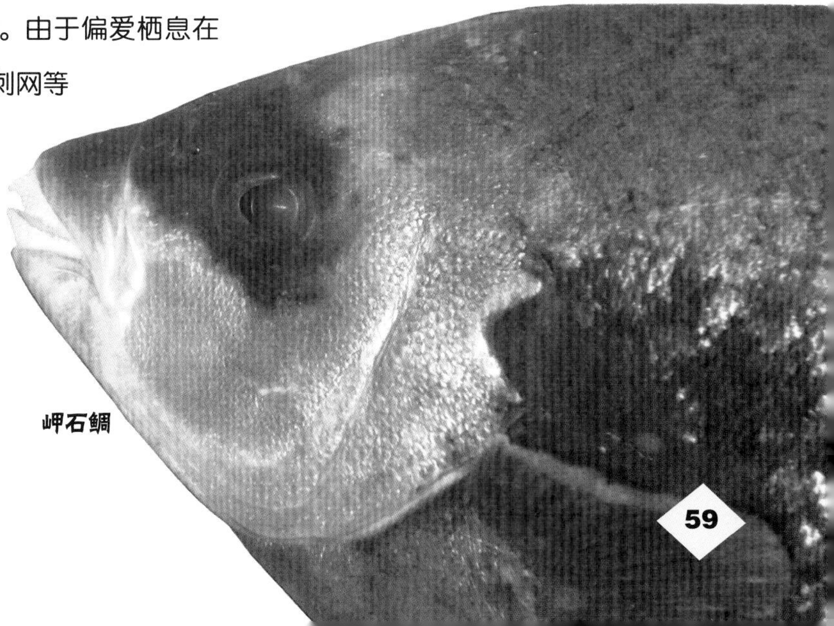

岬石鲷

别样的“龙”——海龙

我们将要谈到的“龙”与神话传说中的龙相去甚远，而是海洋中的一类鱼儿——海龙。它们之所以被称作海龙，仅仅是因为它们有长长的吻部、修长的身体和绚丽的花纹，依稀有些龙的样子。海龙是海马的“近亲”，都属于刺鱼目海龙科，有着与海马相似的头部和尾部，但是海龙的身体更加平直瘦削。世界上总共有 200 多种海龙，它们广泛分布在热带与亚热带海域，有的在珊瑚礁安家，有的生活在海草床，有的甚至生活在海底沙地上。

海龙选择安家的地方是有讲究的，它们想要的是一个隐蔽又食物充足的环境。海龙没有发达的鱼鳍与肌肉，所以不能像许多鱼儿一样快速游动，在捕食者面前只能束手就擒。但是在珊瑚礁，海龙可以凭借缤纷的体色，隐藏在色彩斑斓的珊瑚丛里，还可以躲在珊瑚礁的缝隙中。另外，它们总能在珊瑚礁找到适合尾部钩挂的地方，以防自己被海流带走。同时，珊瑚礁也是它们天然的“餐桌”。海龙喜欢捕食小虾、小蟹等节肢动物。它们用细长的吻部吸食食物，活像嘬着一根吸管在珊瑚礁里觅食。珊瑚礁不仅有小虾、小蟹，还有许许多多的桡足类等浮游动物。这样看来，珊瑚礁就是海龙安家的首选之地！黑胸冠海龙就以珊瑚礁为家。

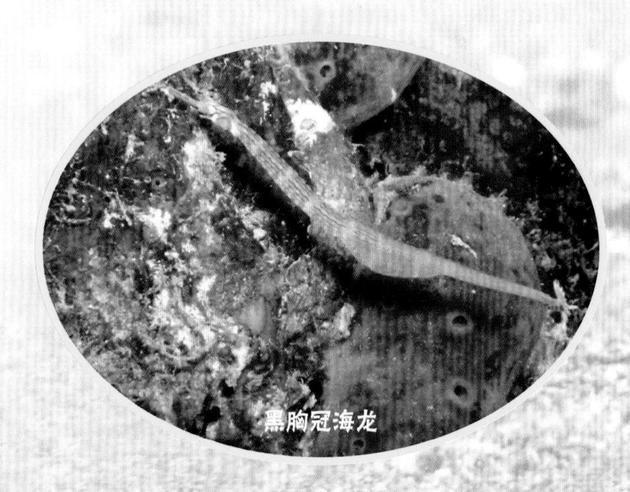
黑胸冠海龙

当然，符合海龙安家条件的地方不仅仅是珊瑚礁。布氏脊吻海龙生活在澳大利亚南部的海草床和海底沙地，经常出没于水深 30 米以内的浅海。喜欢在潟湖活动的史氏冠海龙，灰白色的身体上有着不明显的褐色条带和红褐色线纹，甚至会被错认成有毒的海蛇呢。

布氏脊吻海龙

在繁殖季节，海龙雄鱼会使出浑身解数吸引雌鱼，受到雌鱼青睐的幸运者将获得共同舞蹈的权利。之后雌鱼将卵产到雄鱼尾部的育儿袋中。有时，雌鱼会与多条雄鱼交配。与自然界大多数动物相反，海龙雄鱼是负责任的鱼爸爸，肩负着照料受精卵的重担；海龙雌鱼则生活得十分“潇洒”，产卵之后便离开。孵化后的小海龙一个个地从育儿袋中“蹦”出来，开始独立生活。在茫茫大海中能找到一个家是很不容易的，大约只有 1% 的小海龙能够存活下来，开始自己的生命旅程。

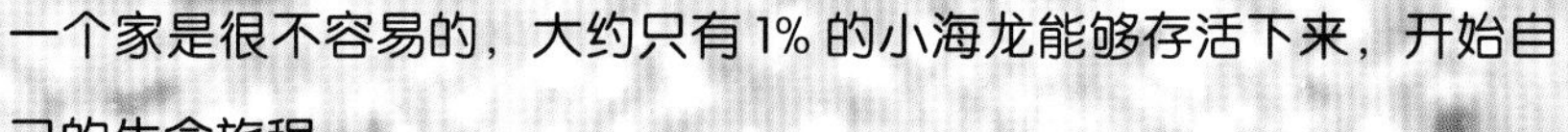

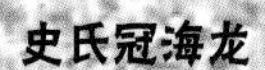

史氏冠海龙

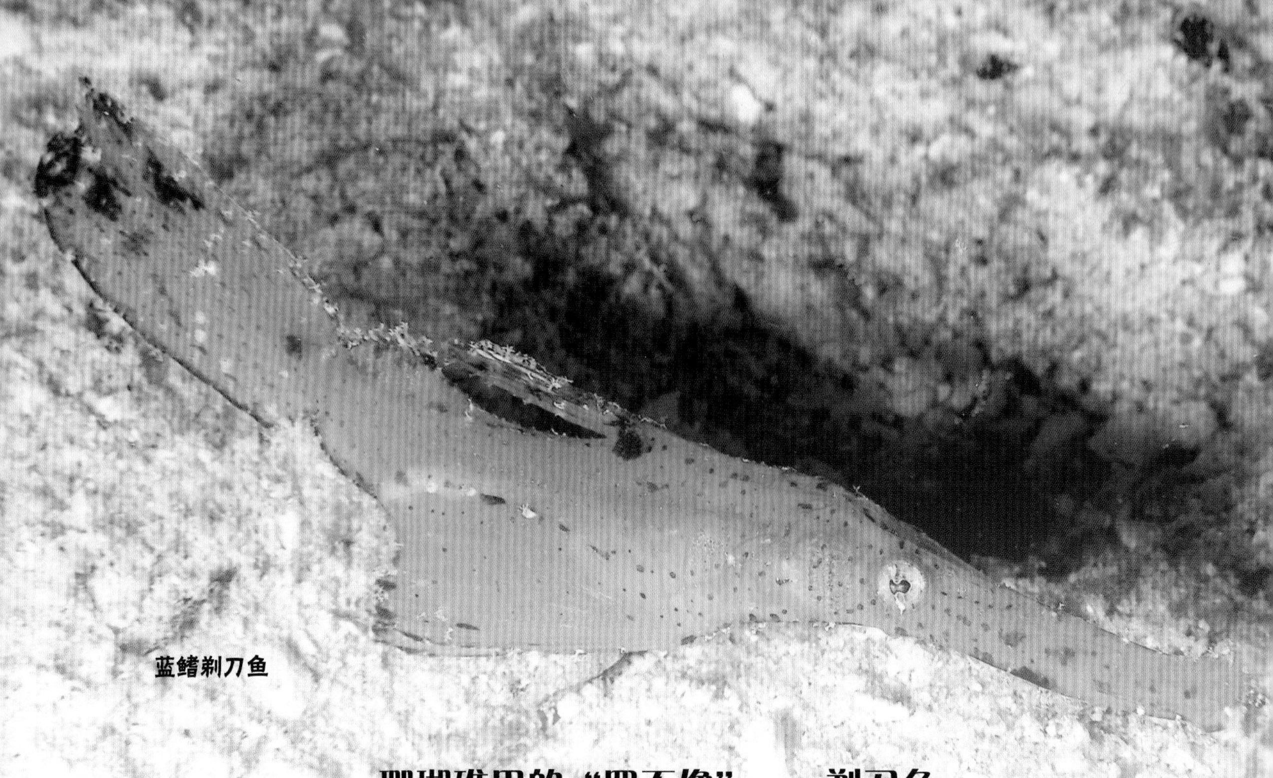

蓝鳍剃刀鱼

珊瑚礁里的“四不像”——剃刀鱼

长相奇怪的鱼儿可真不少。会“隐身”的海马、“浮夸”的蓑鲉、长得像独角兽的鼻鱼……珊瑚礁海域的一些鱼儿，长相似乎与典型的鱼儿风马牛不相及。剃刀鱼就是这样的鱼儿。

剃刀鱼属于刺鱼目，与我们所熟知的海龙、海马、管口鱼等亲缘关系较近。剃刀鱼科只有一个属——剃刀鱼属，包括 5 种鱼儿，分别是锯齿剃刀鱼、蓝鳍剃刀鱼、马歇尔岛剃刀鱼、细体剃刀鱼和细吻剃刀鱼。

剃刀鱼分布在印度 – 太平洋水深 3~25 米的温暖海域，喜欢栖息在浅水珊瑚礁和海草床。它们的游泳能力很差，经常在水中一动不动。色彩斑斓的珊瑚礁对剃刀鱼来说是再合适不过的隐蔽场所。它们的身体颜色、体表斑纹、鳍的形状等与珊瑚和海草的样子相差无几，太适合“隐身”了！它们一旦停在珊瑚、海草边，就让人无法分辨，可谓天生的伪装“大师”。你在海中所看到的漂浮的珊瑚、海草，没准就是伪装起来的剃刀鱼！

细吻剃刀鱼

细体剃刀鱼

剃刀鱼主要以小型甲壳动物为食。与它们的“亲戚”海龙一样，它们也靠管状的吻部吸食猎物。有趣的是，剃刀鱼的两只眼睛既能同时转动，也能分别活动，看向不同的方向，这样有助于它们在复杂的海底环境中搜寻食物。

除了奇特的外形，剃刀鱼还有十分特别的繁殖策略，以细吻剃刀鱼为例，为了孵卵，雌鱼的腹鳍很宽大，形成了一个育儿袋，受精卵被包裹在育儿袋中，与特殊的表皮细胞相连接。这种表皮细胞只存在于雌鱼的腹鳍内侧。整个孵育期，雌鱼都会“抱”着自己的后代，随时躲避天敌的追捕。作为“妈妈生孩子”的物种，剃刀鱼雌鱼比雄鱼更长更粗。大概这就是母爱的力量吧！

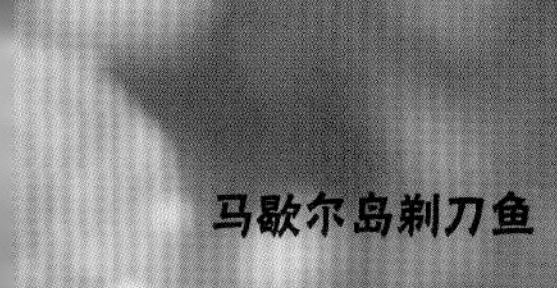

马歇尔岛剃刀鱼

相貌各异的大家族——鲀

无论是以巨大的体型和产卵量而闻名的翻车鲀，还是水族馆中常见的叉斑锉鳞鲀，抑或是会热情地与潜水员“打招呼”的粒突箱鲀，都是鲀形目大家族的成员。

鲀形目约有430种鱼儿，它们是由距今约8 000万年前出现的珊瑚礁鱼儿演化而来的，所以鲀形目的大部分成员是珊瑚礁鱼儿，只有极少数淡水或河口种类。鲀形目鱼儿体形千奇百怪，有的棱角分明（如箱鲀科的角箱鲀），有的呈球状（如四齿鲀科的黑斑叉鼻鲀），还有的体形侧扁（如单棘鲀科的拟态革鲀和鳞鲀科的花斑拟鳞鲀）。它们的大小也差异巨大，既有长度仅2厘米的毛柄粗皮鲀，也有长达3米、重达2吨的翻车鲀。

鲀形目除了鳞鲀科的鱼儿外，大多是“箱式游泳者”——身体僵硬，不能进行横向的摆动，因而行动起来十分缓慢，仅依靠各个鳍奋力扇动来产生推进力。然而，它们的背鳍和臀鳍十分便于操纵和稳定身体，对运动的控制相当精确。我们可以发现，大多数鲀形目鱼儿的鳍是小巧的圆形，这可以帮助它们更灵活地运动。

鲀形目鱼儿在演化的过程中，牺牲了游泳速度，来换取其他生存技巧。它们有的以坚硬的骨板和硬棘替代鳞片，有的以磨砂质感的皮肤包裹全身，还有的掌握着充气膨胀和产生毒素这两种特殊的技能。接下来，让我们走进小型“鲀鲀”的世界看看吧！

会变色的“黄盒子”——粒突箱鲀

粒突箱鲀属于箱鲀科箱鲀属，生活在印度－太平洋的热带珊瑚礁海域。它有着黄盒子般的外形；鳞片骨化成骨板，衍生出带有4条棱的坚硬外壳；长有黑色斑点的皮肤看上去光滑，实则粗糙；小小的吻部向前噘起。得益于特殊的外形和亮眼的体色，粒突箱鲀成功地加入“令人印象深刻的鱼”名单。如果你见过它游泳的样子，就会知

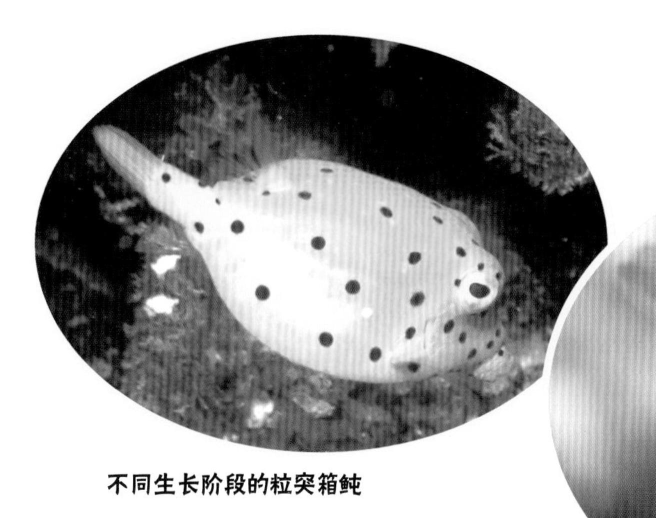

不同生长阶段的粒突箱鲀

道它靠小巧的胸鳍和尾鳍来控制方向和前进，需要付出多大的努力。

用“岁月是把杀猪刀”这句话来形容粒突箱鲀再恰当不过了。粒突箱鲀在稚鱼期，体色是明亮的黄色，骨板还未出现棱角，这只小小的“黄盒子”十分讨喜。随着年龄的增长，它的身体渐渐变得有棱有角。成年后的粒突箱鲀呈黄褐色或者蓝灰色，斑点几乎覆盖全身。在这个成长过程里，粒突箱鲀从鲜亮的“黄盒子”变成了暗淡的“大棒槌”！

粒突箱鲀还有一个特征不得不提，那就是它的“自杀属性”。我们知道，鲀形目的很多鱼儿能产生神经毒素。粒突箱鲀的毒素对附近水域的任何鱼儿来说都是致命的。如果毒素浓度较高，粒突箱鲀自身也会中毒。所以，如果你的水族箱中有这么一只“黄盒子”，千万不要刺激它，以免让整个水族箱的生物遭殃！当然，为了防止自己中毒，粒突箱鲀的毒素通常都是“现做现用”的。

红牙鳞鲀

“魔鬼炮弹”——红牙鳞鲀

鲀这个大家族里有一些鱼儿，第一背鳍带有特殊的“机关”：粗壮的第一根鳍棘直立时，被第二根鳍棘卡住，形成锁定的状态，不易弯曲；若收回第二根鳍棘，第一根鳍棘也随之放平。这种“机关”与枪械的扳机相似，因此这些鱼儿得名扳机鲀。

海洋中生活着约40种扳机鲀，每一种都有自己独特的外貌，令人印象深刻，如红牙鳞鲀。成年的红牙鳞鲀约30厘米长，身上有蓝色条纹蜿蜒至尾部。受光线的影响，红牙鳞鲀的“外袍”呈现亮蓝色、紫色甚至黑色。它头部的颜色较浅，带少许绿色。尾鳍弯月形，上叶、下叶延长为丝状。红牙鳞鲀拥有突出的红色的牙，加上形似炮弹的身体，因此别称“魔鬼炮弹”。

扳机鲀大都生性凶猛，有一些种类甚至会残杀同类、损坏沉入水中的设备等。然而，谁能想到“魔鬼炮弹”竟是一种性情温和、胆小的鱼儿呢？红牙鳞鲀很少去伤害其他鱼儿。

它游泳速度较慢，喜欢吃浮游动物和海绵，会随着浮游动物的迁移而成群觅食。白天，红牙鳞鲀用鳍扇动水流冲开泥沙，寻觅藏在泥沙下的食物；到了夜晚，它就躲藏在礁石洞穴中。红牙鳞鲀幼鱼是珊瑚礁的“常客”，在地形复杂的珊瑚礁，它们更容易找到适合自己的藏身之处。

红牙鳞鲀活跃于印度－西太平洋受洋流冲刷的礁区。这里水深不足 40 米，水流强劲，红牙鳞鲀背鳍那根能竖立锁定的鳍棘就派上了大用场。这根鳍棘能帮助它卡在洞穴或石缝中，不易被水流冲走，捕食者也难以将它从狭小的藏身处拽出。

红牙鳞鲀虽然性情温和，却有较强的领地意识，尤其是在繁殖季节。雄鱼通常会在产卵地搭建巢穴。雌鱼产卵后，雄鱼再为卵授精。此后，红牙鳞鲀依然会细心守护着受精卵。雌鱼会轻轻搅动受精卵周围的水流，以保证它们有充足的氧气供应。身为尽职尽责的好父母，素来胆小的红牙鳞鲀这时也会发挥“魔鬼炮弹”的威力，主动攻击企图伤害受精卵的入侵者。

红牙鳞鲀

“鸳鸯炮弹”——叉斑锉鳞鲀

叉斑锉鳞鲀也是鲀形目在水族界的“大明星”，不过比起小巧可爱、四四方方的粒突箱鲀，叉斑锉鳞鲀可是“炮弹”一样的存在。它独特的体表图案好像抽象派艺术大师的画板，更像我们熟悉的水鸟——鸳鸯，或许这就是“鸳鸯炮弹”这个名字的由来吧。叉斑锉鳞鲀的第一背鳍高耸于背部，像船帆一样，十分具有辨识性，而且拥有扳机一样的“机关”——是的，叉斑锉鳞鲀也是一种扳机鲀。

叉斑锉鳞鲀分布在印度－太平洋，通常在礁盘外的浅水区活动。如果你在潜水时看到它，它很有可能正贴着海底缓缓游动着寻找食物。它的眼睛长在头部较高位置，可以独立活动，非常有利于搜寻珊瑚礁海域的食物，并提防悄悄来袭的捕食者。

昆士兰大学的研究人员发现了一种十分有趣的现象：叉斑锉鳞鲀和人类一样，也会受视觉错觉误导。这些研究人员所做的实验名为“浅色立方体错觉测试”。立方体上方色块位于明亮处，下方色块处于阴影中，让受试者观察立方体上方与下方色块的颜色是否相同（事实上颜色相同）。受视觉错觉的误导，人类可能观察到立方体上方色块为橙色，而下方色块为棕色。叉斑锉鳞鲀在测试前先经过训练：研究人员多次将食物放在同一个色块上作为奖励。测试时不放置食物奖励，当研究人员将这样的色块放在叉斑锉鳞鲀面前时，它会优先选择训练时有食物奖励的色块。这说明在叉斑锉鳞鲀眼中，两个色块的颜色也是不一样的。它与人类一样，也被视觉错觉迷惑。这种现象是不是很有趣？

叉斑锉鳞鲀

气味伪装“大师”——尖吻鲀

尖吻鲀

鲀形目鱼儿体型差别很大，既有“身材魁梧”的翻车鲀，也有小巧玲珑的尖吻鲀。尖吻鲀的第一背鳍鳍棘可以高高耸起，身体从侧面看像一片树叶，尖突的吻部刚好是叶柄。不过，这片“树叶”是淡蓝色的，上面有8纵列橙黄色斑块。这样的配色正是采用了时下流行的“小清新”风格，因而尖吻鲀也是水族馆里的常见种，而且现在可以人工繁育了。

尖吻鲀才不是空有美丽外表的“花瓶”，它其实是伪装“大师”。如果鱼儿举行一场捉迷藏比赛的话，那么冠军非尖吻鲀莫属。尖吻鲀不仅外形十分像自己的食物——鹿角珊瑚属的珊瑚，还能从珊瑚中吸收化学物质，让自己闻起来也像这些珊瑚，以至于它的天敌如某些螃蟹直接把它当成了珊瑚，对它视而不见。这是科学家第一次发现脊椎动物通过饮食而从气味上伪装自己。在动物王国中，视觉伪装是众所周知的。从猎豹的斑点到枯叶蛱蝶的颜色，再到伪装成树干的猫头鹰，这些动物界的伪装“大师”给人们留下了深刻的印象，这是因为人们过于依赖视觉。事实上，许多动物主要通过嗅觉来感知环境，尖吻鲀的伪装策略可谓十分高明。

尖吻鲀

即使拥有如此高明的伪装策略，尖吻鲀也难逃数量减少的厄运。它主要生活在印度－西太平洋，但因为它只认鹿角珊瑚属的珊瑚，所以随着珊瑚礁被破坏，适合它生存的环境越来越少。现在，尖吻鲀被《IUCN 红色名录》列为易危物种。为了让这种可爱的小生灵继续与我们一起生活在地球上，请保护珊瑚礁。

不好惹的“刺头”——六斑刺鲀

在许多人心中，鲀形目鱼儿被人一碰就会鼓成带刺的小球。最初给人留下这种印象的就是刺鲀科的六斑刺鲀。当它没有鼓气的时候，身体呈圆筒状，头部和身体前部又宽又圆，鼻瓣呈卵圆状突起，嘴唇厚厚的，憨态可掬；可一旦它“气炸”了，就会将水或空气吸到体内，身体胀大为平时的两三倍，棘刺全部立起，一副要与敌人同归于尽的样子。其实，刺鲀科的所有鱼儿都能膨胀，伴随着膨胀，它们还可能会因为高度紧张而发生体色的改变。

六斑刺鲀生活在有珊瑚礁、红树林、海草床或岩石底质的海域。它是夜行性鱼儿，白天通常躲在礁石的缝隙中。它的牙齿并不是一颗颗独立生长的，而是融合成板状，

六斑刺鲀

坚固有力，能咬碎海螺、海胆和寄居蟹的壳。别看六斑刺鲀这么厉害，它的幼鱼却是许多大洋肉食性鱼儿如金枪鱼的“盘中餐”，而成鱼则有可能成为鲨鱼的猎物。

防御有妙招——黑斑叉鼻鲀

珊瑚礁海域有一种相貌奇特的鱼儿，它的身体呈浅灰色、浅棕色或黄色，点缀着黑色的斑点，鼻孔和吻部突出，活像一只可爱的小狗，因而获得“狗头鱼”这个俗称。它就是黑斑叉鼻鲀。

黑斑叉鼻鲀

黑斑叉鼻鲀生活在印度－太平洋的热带海域，是珊瑚礁的“常客”。它通常夜间觅食。它的“食谱”以甲壳动物、软体动物为主，也包括海绵、藻类、珊瑚等。它会定期啃咬坚硬的石珊瑚，以防止它那不断生长的牙齿过长而影响使用。

黑斑叉鼻鲀不仅相貌奇特，它的繁殖行为也相当有趣。每当繁殖季节到来，雄鱼先在海底沙地上建造一个扁平的圆圈状巢穴，等待雌鱼。雌鱼如果中意这个巢穴，就会进去产卵，随后雄鱼为这些卵授精。受精卵落到沙里，开始孵化。黑斑叉鼻鲀很有领地意识，如果有不速之客入侵，它就会用那强有力的嘴巴作为武器，赶跑入侵者。

黑斑叉鼻鲀虽然领地意识强，却并不是很有攻击性的鱼儿。相反，由于游泳方式有些笨拙，它很容易受到捕食者的攻击。在与捕食者对抗的岁月中，黑斑叉鼻鲀逐渐学会多种防御方式。它的体表没有鳞片，除吻部、鳃孔周围与尾柄外，全身布满小棘。这些小棘使黑斑叉鼻鲀的皮肤变得粗糙，令捕食者难以下咽。这一被强化的保护技能

黑斑叉鼻鲀

也让黑斑叉鼻鲀付出了相应的代价——皮肤由于失去了鳞片的保护，对不适宜的环境更敏感。与六斑刺鲀一样，黑斑叉鼻鲀也有一个极具弹性的胃。面对威胁时，它能够迅速吸入大量的海水，必要的时候甚至可以吸入空气，将自己变成一个膨大的球，体积可达静息状态时的几倍，皮肤上的小棘也立起来。膨胀的身体和立起的小棘一方面对捕食者起到恐吓的作用，另一方面也让捕食者难以下口。不仅是物理防御，黑斑叉鼻鲀还深谙化学防御之道，这对捕食者来说是极其危险的。黑斑叉鼻鲀体内含有一种神经毒素——河鲀毒素。这种毒素的毒性是氰化物的 1 200 多倍，对许多生物都是致命的。这样可怕的毒素让捕食者不敢贸然捕食黑斑叉鼻鲀。所以，切不可小看这可爱的“狗头鱼”。

神奇的海中“鹦鹉”——鹦嘴鱼

人们对鹦鹉比较熟悉，它们有彩色的羽衣和坚硬到能啄开坚果的角质喙。有的人饲养鹦鹉作为宠物，教它们学人说话。你相信在珊瑚礁也有与鹦鹉相像的鱼儿吗？它们甚至直接冠了“鹦鹉”的名。它们就是鹦嘴鱼。鹦嘴鱼虽然不会像鹦鹉那样学人说话，却是神奇的珊瑚礁鱼儿。

鹦嘴鱼是鲈形目鹦嘴鱼科鱼儿的统称，它们生活在热带和亚热带较浅的海域。它们不是严格的“素食主义者”，经常游弋于珊瑚礁、岩礁和海草间，用它们坚硬的“门牙”——齿板，去啃食附着在珊瑚礁、岩礁表面的藻类。它们偶尔也会吃小型的底栖无脊椎动物和碎屑等。而一些大型的种类，如驼峰大鹦嘴鱼，则对珊瑚礁十分不“友

驼峰大鹦嘴鱼

鹦嘴鱼的齿板

好”，因为它们的食物来源中占比最大的就是珊瑚的水螅体，所以经常啃食活珊瑚。即便如此，它们也并非“一无是处”——经它们消化的珊瑚骨骼是浅水礁区珊瑚沙的重要来源。

鹦嘴鱼有的种类领地意识非常强，会紧紧守卫着自己的“势力范围”；有的种类则随着自己的成长不断扩大活动范围。有时，多达 500 条鹦嘴鱼组成一个觅食群体，这样庞大而壮观的觅食队伍给觊觎它们的掠食者以强大的震慑。鹦嘴鱼只在白天觅食，夜晚就会躲进珊瑚礁美美地睡上一觉。

一些种类的鹦嘴鱼具有一种非常神奇的本领：晚上睡觉之前，它们会从嘴里吐出黏液，形成一个液茧，将自己包裹得像蚕宝宝一样。皇后鹦嘴鱼就很擅长“织茧”。可别小看鹦嘴鱼的液茧，它可是非常实用的。液茧两端开口，便于海水在茧中流通。它还能散发出恶臭的气味，驱赶想打扰鹦嘴鱼美梦的生物。更厉害的是它的预警功能，若有捕食者来犯，它能给鹦嘴鱼留出充足的逃跑时间。鹦嘴鱼为了安稳的睡眠可谓“绞尽脑汁”。比如，生性警惕的驼峰大鹦嘴鱼夜晚会结伴入睡。

除了“织茧”，鹦嘴鱼还有一项自我保护技能。它们的体表覆盖着一层特殊的黏液。这层黏液的作用不容小觑。它有助于修复身体的损伤，能驱赶寄生虫，还能让鹦嘴鱼的皮肤免受紫外线的伤害。

提高鹦嘴鱼知名度的不仅仅是上述这些本领，还有它们复杂的繁殖习性。雄性鹦嘴鱼可能是“天生”的雄鱼，也可能是由雌鱼经性逆转而来。有的种类生来有雄有雌，如绿鹦鲷；有的种类则生来全是雌性，必要时再性逆转为雄性。纤鹦嘴鱼是目前人们知道的唯一不改变性别的鹦嘴鱼。大多数鹦嘴鱼群体由一条雄鱼主导，但也有一雌一雄成对交配的情况存在。一般情况下，性成熟的鹦嘴鱼全年都可以繁殖。夏季为繁殖高峰期，每到这时，鹦嘴鱼就成群游到珊瑚礁。繁殖活动通常发生在黄昏，这与潮汐有着十分密切的关系，因为这时是受精卵分散的最佳时机。受精卵会自由漂浮，进入珊瑚礁，直至孵化。鹦嘴鱼的幼鱼喜欢栖息在环境相对稳定的潟湖中，长大后则成群地游弋在岩礁或珊瑚礁外围。

绿鹦鲷

绿鹦鲷

纤鹦嘴鱼

大眼睛的松鼠鱼——长刺真鳂

红色的身体、橙色的条纹、大大的眼睛和臀鳍上长长的第三棘刺，这些就是长刺真鳂最明显的特征。长刺真鳂是金眼鲷目鳂科真鳂属的一种鱼儿，英文名是 longspine squirrelfish（长刺松鼠鱼）。其实，鳂科的所有鱼儿都被称为松鼠鱼，因为它们炯炯有神的大眼睛就像松鼠的眼睛一样。

长刺真鳂生活在大西洋西部水深 32 米以浅的热带海域，体长可达 18 厘米。它的领地意识很强，白天会用鱼鳔发出哼哼的声音来保卫它藏身的洞穴。它会用一种断断续续的声音向同伴发送危险警报，同伴听到警报就立即退回藏身处。集群活动时，它还能向捕食者发出警告。研究发现，到了傍晚，长刺真鳂会更加频繁地发声。除了发声，长刺真鳂的大眼睛对它在夜晚觅食也十分有利，有助于它搜寻底栖无脊椎动物，如甲壳动物、软体动物等。

性成熟的长刺真鳂在温暖的海域全年都可以繁殖；而在水温稍低的海域，它只在温暖的季节繁殖。长刺真鳂幼鱼的身体呈银白色，因而在开阔的海域活动时很难被捕食者发现。

长刺真鳂

长刺真鳂的商业价值较低，但也可以食用。巴西和委内瑞拉渔民通过陷阱和流刺网等小规模地捕捉长刺真鳂。长刺真鳂对环境污染有较强的耐受力，能在受污染水域生存。由于具有鲜艳的体色和萌萌的大眼睛，长刺真鳂也是水族馆常见的鱼儿。

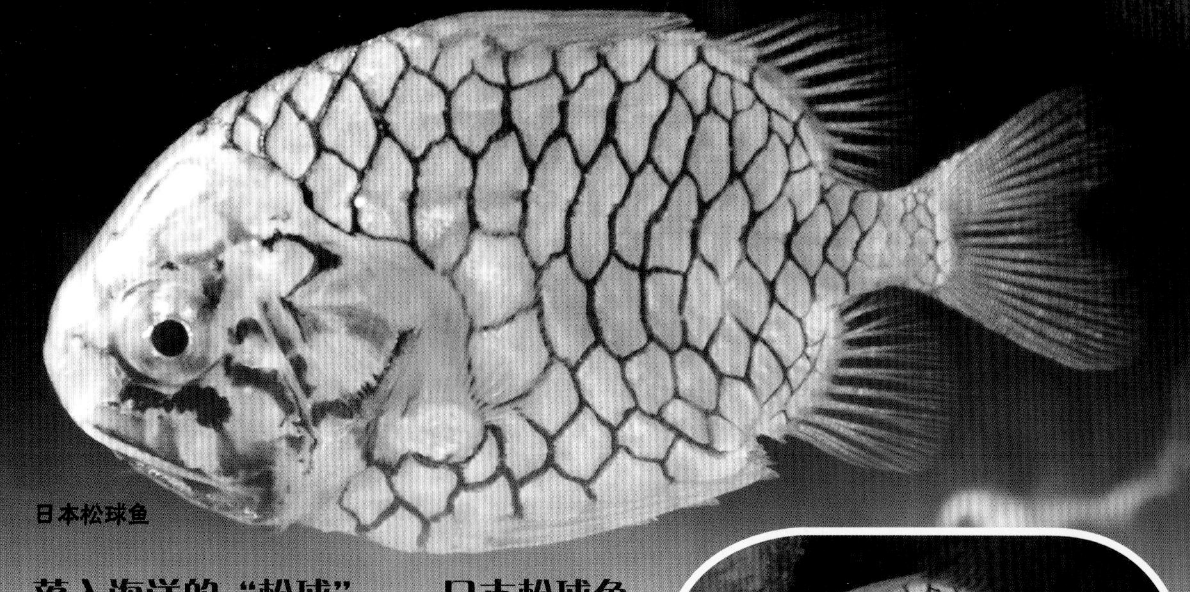
日本松球鱼

落入海洋的“松球”——日本松球鱼

澳洲光颌松球鱼

大千世界，无奇不有！明明是海里游的鱼儿，却有的长得像蝴蝶，有的长得像剃刀，还有的长得十分像松球。日本松球鱼就是这样的鱼儿。它的头大而圆，通体呈黄色或者橙色，鳞片很大而且边缘是黑色的，整条鱼看上去就像会游动的松球。除了日本松球鱼外，松球鱼科的其他 3 种鱼儿——新西兰松球鱼、里氏松球鱼、澳洲光颌松球鱼——也因为长得很像松球而被叫作松球鱼。

日本松球鱼属于金眼鲷目松球鱼科松球鱼属，分布在印度－西太平洋的热带海域，栖息水深 2~100 米。日本松球鱼是胆小的夜行性鱼儿，白天它躲在海底洞穴或者暗礁下面，晚上才会出来捕食浮游动物。

日本松球鱼最大的特点就是在它黑色的下颌骨两侧各有一个发光器官，里面住满了共生发光细菌，日本松球鱼可以通过下颌的移动来“开灯”“关灯”。这种发光器官的具体用途还未被科学研究证明，但可能是用来吸引猎物或照明的。例如，科学家发现，澳洲光颌松球鱼夜晚用发光器官照明，寻觅小虾等猎物。独特的外貌和发光器官让日本松球鱼极具观赏性，再加上它没有攻击性，很容易饲养，所以成了水族馆的“住客”。

头长嘴尖像老鼠——驼背鲈

驼背鲈是鲈形目鮨科驼背鲈属的一种鱼儿。为什么叫它驼背鲈呢？因为它的背部突然隆起，就像一个驼背的老人。此外，它的吻部向前突出，头部较长，形似一只机警的老鼠，因此它又被称为“老鼠斑”。驼背鲈的幼鱼往往生活在浅水珊瑚礁，成鱼则栖息在较深的海域。

在弱肉强食的珊瑚礁世界中，驼背鲈没有一点防身的本领是不行的，那一层“外衣”就是它最好的伪装。驼背鲈奶油色身体上的黑色斑点，可以迷惑和警告捕食者。在受到惊扰的时候，驼背鲈的身体会浮现出棕色的斑块，这种颜色变化被称为“惊吓色”。但驼背鲈也不是总受欺负的鱼儿，它以珊瑚礁海域的小鱼、小蟹为食。如果将它饲养在水族箱里，它可能吃掉其他小鱼。

在自然界，驼背鲈本就是一种比较稀有的珊瑚礁鱼儿，再加上肉味鲜美，驼背鲈被大量捕捞而数量剧减。不过在印度尼西亚等地，驼背鲈的养殖业正逐渐兴起。驼背

驼背鲈

鲈生长快，又能忍受养殖网箱里的狭窄空间，因而成为当地的重要养殖鱼种。这在一定程度上挽救了野生的驼背鲈。

犬齿外露添霸气——侧牙鲈

犬齿可不是陆地上的食肉动物所特有的。在茫茫大海中，鱼儿想生存下来，也要有锋利的牙齿作为“秘密武器”，如霸气的侧牙鲈。侧牙鲈属于鲈形目鮨科侧牙鲈属，常见于水深超过 15 米的潟湖，有时出现在印度－太平洋水深 3~300 米的珊瑚礁海域。

侧牙鲈

侧牙鲈的尾鳍似一弯美丽的月牙且带有黄色边缘，身体呈深红色或灰褐色，体侧有不规则的深蓝色、深红色斑点或者短线纹，头部斑点较小且分布较密。侧牙鲈虽然看上去很“呆萌”，但它一张口，大而锋利的犬齿平添了几分霸气。作为凶猛的肉食性鱼儿，侧牙鲈的牙齿算得上“全副武装”：上颌前端有两颗犬齿，中央有一颗向后倒的牙齿，两侧外列有稀疏排列的圆锥齿，内列还有绒毛状齿；下颌除了前端有两颗犬齿外，两侧也各有一颗犬齿和多列绒毛状齿。仅这些牙齿就让大多数敌人和猎物闻风丧胆。

小鱼、小虾和头足类是侧牙鲈常吃的食物，这样的饮食习惯也使得侧牙鲈具有较高的食用价值而成为人类的盘中餐。不过，在食用侧牙鲈时一定要谨慎，因为它们体内可能富集了毒素。

会口孵的鱼爸爸——天竺鲷

在水族馆中，你也许看到过美丽的天竺鲷，它们有的长着彩色的斑纹，有的摆动着飘逸的鱼鳍，还有的点缀着炫目的斑点。天竺鲷是天竺鲷科 200 多种鱼儿的统称，也只有美丽的珊瑚礁才配得上它们婀娜的身姿。但它们在珊瑚礁海域活得小心翼翼，白天躲藏在礁石缝隙中，晚上才出来捕食小鱼、小虾。

天竺鲷不仅自己活得很小心，还是非常负责的“家长”。天竺鲷雄鱼掌握着一种神奇的照顾后代的本领——口孵。顾名思义，口孵就是在口中让受精卵孵化。天竺鲷雌鱼和雄鱼在繁殖季节结成对，寻觅合适的地方安家。之后，雌鱼会排出卵，雄鱼也会排出精子，让卵在水中受精。接下来，惊人的一幕出现了：雄鱼将受精卵“吃掉”了！其实，雄鱼并没有将受精卵吞下去，而是小心翼翼地将它们含在口中，与它们共存亡。在口孵期间，雄鱼必须不吃不喝，专心守护后代。它们还会定期将受精卵吐出来“涮一涮”。为此，许多天竺鲷长着一张大嘴，这样才能保护更多的受精卵，也利于受精卵和雄鱼自己获得充足的氧气。口孵大约一个周之后，小天竺鲷就一条条地从雄鱼口中游出来，开始独立生活。

考氏鳍天竺鲷

正在口孵的雄性五带巨牙天竺鲷

头沾“墨汁”的鱼儿——多鳞霞蝶鱼

蝴蝶鱼科的鱼儿有着轻盈优雅的体态和艳丽多彩的体色，无论在珊瑚礁海域，还是在水族箱里，都成为焦点。蝴蝶鱼科霞蝶鱼属有一种鱼儿，长得就像头上沾满墨汁的调皮小孩，它就是多鳞霞蝶鱼。

多鳞霞蝶鱼主要生活在太平洋西南部的热带珊瑚礁海域，体长可达 18 厘米。多鳞霞蝶鱼的身体呈纯净的白色，背鳍和臀鳍都是明黄色的，头部却好像是在黄色底子上染了一层墨汁，变得暗淡下来，或许它想隐藏自己的头部来迷惑捕食者吧。多鳞霞蝶鱼同蝴蝶鱼科的大多数鱼儿一样，吻部微微向前突出，再加上卵圆形的身体，模样很是可爱，这也使得它成为水族箱中的常见鱼儿。但它并不好养活。在自然状态下，多鳞霞蝶鱼以水体中的浮游生物为食；在水族箱中，它同样偏好漂浮在水体中的食物。饲养多鳞霞蝶鱼时，可以将薄片状、球状的冷冻混合饲料与植物性饲料搭配起来，以满足它挑剔的食性。

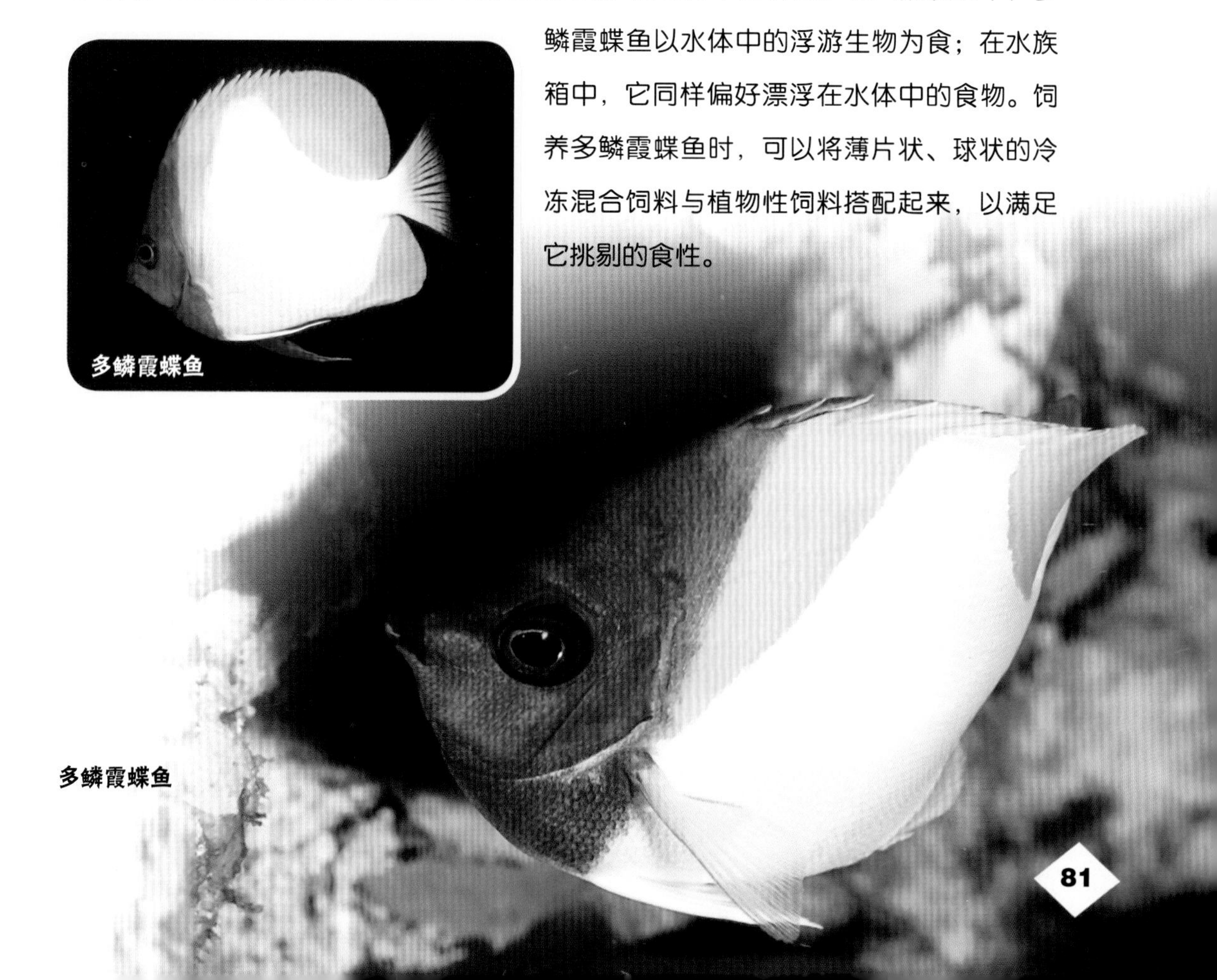

多鳞霞蝶鱼

多鳞霞蝶鱼

珊瑚礁里的软骨“兄弟”——鳐和魟

鲨鱼大概算是人们最熟悉的软骨鱼了。你知道软骨鱼家族还有为数众多的其他成员吗？接下来将要登场的就是其中的软骨“兄弟”——鳐和魟。这对“兄弟”都拥有扁平的身体、“呆萌”的嘴，乍一看还真的难以分清呢！所以在鱼市场，它们都被称为“劳板鱼”。

我们先说一说鳐。鳐指锯鳐目、电鳐目和鳐目的鱼儿。鳐的尾鳍通常比较粗大，背鳍的有无则因种类而异。锯鳐目鱼儿的特点是吻部特别长，而且长有吻齿；电鳐目鱼儿的头侧和胸鳍间具有大型发电器官；鳐目鱼儿长得就不像锯鳐目和电鳐目鱼儿那样有特色了。

其实鳐和鲨鱼的外形有许多相似的地方，但鳐的胸鳍前缘与头部两边相连，因而头部比鲨鱼的更加扁平，鳃孔和嘴都位于腹面，如圆犁头鳐。圆犁头鳐的两个背鳍高高立

圆犁头鳐

蓝斑条尾魟

起，乍一看还真像一条凶猛的鲨鱼，所以它在澳大利亚有shark ray之称；但一看到它扁扁的头部和可爱的嘴，人们就不惧怕了。此外，它还有一个名字叫guitarfish（吉他鱼），因为它扁平的头部和粗壮的身体，看上去就像一把吉他。圆犁头鳐分布在印度－太平洋的热带珊瑚礁海域，喜欢游弋在泥沙质海底，以底栖甲壳动物和软体动物为食。

魟属于鲼目。大多数种类没有尾鳍和背鳍，尾部细长且长有一根毒刺，让捕鱼人不敢轻易下手。魟这类鱼儿中，既有相貌平平的“路人”级成员，也不乏长相出众的“明星”级成员，如蓝斑条尾魟。蓝斑条尾魟通体深黄色，但背部的亮蓝色斑点最为抢眼。细长的尾巴背面还有两条蓝色的条纹，着实让人眼前一亮。它的眼睛突出，游动时胸鳍边缘呈波浪状，十分有趣。蓝斑条尾魟分布在印度－西太平洋的珊瑚礁海域，喜欢将自己隐藏在沙子下面，捕食底栖无脊椎动物。蓝斑条尾魟的生殖方式有些特别，它是卵胎生的，胚胎先从卵黄吸收营养物质，之后利用母体子宫内的营养物质，以弥补卵黄营养不足。随着栖息地的丧失，蓝斑条尾魟已经被《IUCN红色名录》列为近危物种。是时候为保护它做出努力了！

身披鞍纹的隆头鱼——鞍斑锦鱼

隆头鱼科除了之前介绍的波纹唇鱼，还有很多其他鱼儿，如这里的主角——鞍斑锦鱼。鞍斑锦鱼属于锦鱼属，生活在印度－太平洋的珊瑚礁海域和潟湖。它出没的地方，通常混杂着碎石和沙砾。

由于观赏性较高，鞍斑锦鱼是水族馆中十分受欢迎的“住户”。它的身体呈蓝绿色，体侧有 6 条倾斜的黑色横带，其中两条位于尾柄，好像马鞍，或许这就是它名字中“鞍斑”的由来吧。它的头部有鲜艳的粉红色条纹，与之呼应的，是位于它身体后部的粉色纵纹。鞍斑锦鱼周身被很大的圆鳞保护着，上颌、下颌各有两颗犬齿。虽然它有着像鹦嘴鱼一样的牙齿，却不像鹦嘴鱼那样对珊瑚礁不“友好”，而是循规蹈矩地以浮游动物、底栖甲壳动物、有孔虫、小鱼为食。

到了繁殖季节，鞍斑锦鱼会成双成对地行动。它的幼鱼与成鱼有许多不同之处。幼鱼的尾巴呈截形，成鱼的尾巴则呈凹形。幼鱼胆小而又充满好奇心，喜欢紧靠着珊瑚活动，一遇到危险就立刻躲到珊瑚丛中；成鱼则无所畏惧地在珊瑚礁海域悠游，没有较强的领地意识。

鞍斑锦鱼

善游的“领航者”——无齿鲹

无齿鲹是一种洄游性鱼儿，分布在印度－太平洋。珊瑚礁附近水深 1~100 米的沙地或碎石地是它的活动范围。在珊瑚礁外缘活动时，无齿鲹会采取不同的游泳方式来应对不同的环境：它感到周围很安全时，通常悠闲缓慢地巡游；遭遇威胁时，它会沿着曲折的路线迅速逃跑；追赶落单的猎物时，它会毫不犹豫地直接发动进攻；遇到成群的猎物时，它会先上前将猎物冲散，再瞄准落单的那只展开进攻。与无齿鲹灵活善游的特点相对应的，是它特殊的外形。无齿鲹身体呈流线型，这样的体形能大幅减少游动时受到的阻力。

无齿鲹的吻部比鲹科其他鱼儿的更加肥厚，便于它取食沙中的食物。无齿鲹将猎物连同沙子一起吃到嘴里，之后只需用鳃把沙子滤掉，小蟹、小虾、软体动物等就被吞到腹中。无齿鲹是典型的肉食性鱼儿，小鱼也是它的主要食物。在开阔水域，无齿鲹就可以施展它高超的泳技，与同伴集群捕食。食物来源充足，游泳和捕食技术又高，无齿鲹甚至能达到 75 厘米长，体重可超过 15 千克。

肉食性的无齿鲹仍然要面对很多捕食者，不过它们有躲避捕食者的特殊方式。成群的无齿鲹经常紧密地游在鲸鲨等大鱼周围，寻求大鱼的庇护。如果在海中看到无齿

无齿鲹幼鱼

无齿鲹

鲹鱼群，那就要当心了——鲨鱼可能就在附近。无齿鲹也因此被称为“领航者”。此外，在大鱼身边，无齿鲹也可以“偷偷懒”，吃大鱼留下的食物残渣。幼年的无齿鲹甚至会生活在水母的触手周围，借助水母触手上的刺细胞抵御来犯的敌人，度过一个较为安稳的“童年”。这样看来，“领航者”颇有生存智慧呢！

优雅的“燕子”——弯鳍燕鱼

在西太平洋珊瑚礁和岩礁密集的海域，有一类姿态优雅的鱼儿。它们突出的吻部仿佛燕子的喙，伸展的背鳍和臀鳍宛如燕子飞翔时展开的翅膀，截形或双凹形的尾鳍就像燕子的尾巴，因此它们被称为“燕鱼”。燕鱼中最有代表性的当属弯鳍燕鱼。成鱼身披灰白色“外衣”，其上装饰有深灰色横带，鳍上沾染着浅黄色。幼鱼则与成鱼外形差异很大，黑漆漆的身体由橙色的线条勾勒出轮廓，酷似飞舞的蝴蝶。

弯鳍燕鱼幼鱼

弯鳍燕鱼

弯鳍燕鱼幼鱼常常独处。为了逃避大鱼的

追捕，它经常在浅海礁区出没，一旦遇到危险，就迅速躲进礁石缝隙。它利用自己独特的体形和体色，借助鳍的波浪状运动“侧躺”着前进，模仿有毒的扁虫来迷惑敌人。长大后的弯鳍燕鱼体长 45 厘米左右，已经不能像小时候那样躲进礁石缝隙了，只能在突出的礁石下隐蔽起来，待夜晚再出来觅食。不过，弯鳍燕鱼也抵不住美食的诱惑，有时结伴来到食物丰富的珊瑚礁海域。优雅的弯鳍燕鱼，饮食也比较清淡。它爱吃藻类、水母等。它那尖突的吻部非常适合刮食岩礁上附着的藻类。

燕鱼属还有其他鱼儿，如印度尼西亚燕鱼、波氏燕鱼、圆燕鱼、尖翅燕鱼。它们的生活区域相近，生活习性也有相似之处，但相貌各有特点，尤其是幼鱼的长相差别较大。印度尼西亚燕鱼的幼鱼身上长满黑白相间的细纹，比斑马的条纹更让人眼花缭乱，盯上它的捕食者不得不眩晕一阵儿了。圆燕鱼的幼鱼体色为枯叶般的黄色，就像陆地上的枯叶蛱蝶一样，可以拟态枯叶来躲避捕食者。

印度尼西亚燕鱼幼鱼

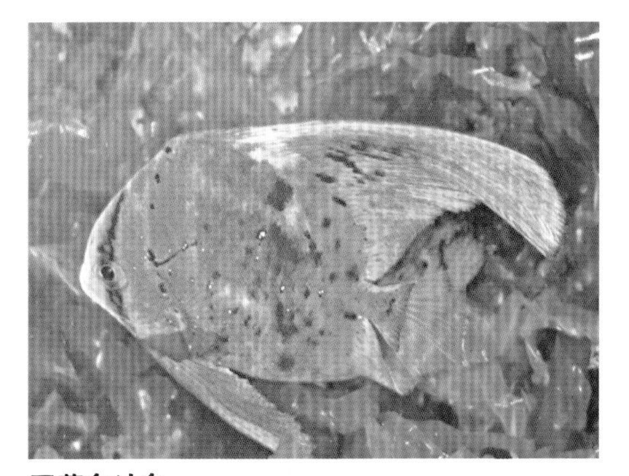

圆燕鱼幼鱼

当红川纹鱼——千年笛鲷

在广袤的热带海域，从水深 5 米左右的浅水区到 180 米的中深层水域，都能看到千年笛鲷的身影。它或躲藏在岩礁附近，或游弋于珊瑚礁周围，或栖息在红树林河口。它喜爱平坦的沙地，但也不介意砾石质的海底。千年笛鲷是一种浑身散发着尊贵与喜庆气息的鱼儿，红色就是它的主题色。

千年笛鲷最显而易见的"红"就在于它那件华丽的"外衣"。还在幼鱼期的千年笛鲷就迫不及待地"穿"上了"华服"，3 条深红色条纹分别位于头部、躯干部和尾部，仿佛书法大家挥毫而就的"川"字，十分醒目。千年笛鲷也因此被冠以"川纹笛鲷"这一形象的名字。这身"川纹"也是有实际用处的，能让年幼而胆小的千年笛鲷完美地隐匿于海胆的棘丛中躲避危险。随着年龄的增长，千年笛鲷的"外衣"也发生了变化："川"字不再那么明显，体色逐渐变得均匀，整体呈现浅红色或红色。长大的千年笛鲷没有了"川纹"，却勇敢了很多，慢慢地离开海胆提供的舒适区，自力更生，捕捉虾、蟹、小鱼等作为食物。

千年笛鲷还"红"在它有巨大的生长潜力。虽然大多数千年笛鲷体长不会超过 60 厘米，体重不超过 8 千克，但目前人们发现的最大体长纪录保持者有 116 厘米长，最重

千年笛鲷

的达 33 千克！海钓者倘若幸运地钓上来“重量级”千年笛鲷，一定会兴奋不已地与它合照。

千年笛鲷在人类世界中也很“红”。花纹美丽的千年笛鲷幼鱼是常见的观赏鱼，不挑食，易于饲养。此外，千年笛鲷在澳大利亚是最受欢迎的可食用珊瑚鱼之一。它外观漂亮，肉色白净，味道清淡，是当地餐饮业的招牌美食。

但是，我们在享用千年笛鲷的同时应当意识到：即使它号称“千年”，也依然与其他千千万万的海洋生物一样，受到环境变化的影响，受到人类活动的威胁；即使它“红”，也有可能因为人类的不当利用而被迫退出“舞台”。倘若我们不对珊瑚礁生态系统加以可持续的管理和保护，千年笛鲷将会从我们的视野消失。

“学院风”观赏鱼——镰鱼

镰鱼是珊瑚礁的“常客”，无论是在港口附近海水混浊的珊瑚礁，还是洁净的深海珊瑚礁，都可以见到它的踪影。在水族世界里，它更是凭借自己独特的“学院风”装扮，成为极具观赏价值的“明星”。

镰鱼

镰鱼的“学院风”装扮以白色为底，3 条宽宽的黑色横带遮盖胸、腹和尾，再加上黄色的渲染，强烈的色彩对比给它增添了几分明丽。背鳍延长如须，宛如舞动的水袖，更衬托出镰鱼典雅的泳姿。这样美丽的装扮自然会有模仿者，如马夫鱼。马夫鱼同样体形侧扁，身上有黑、白、黄 3 种颜色，背鳍有丝状鳍条。乍看之下二者容易混淆，但细看便不难区分。马夫鱼尾鳍上没有黑色条纹而呈现黄色，吻部不如镰鱼那般突出，眼睛上方也没有角状突起。更何况，镰鱼面颊上别具一格的黄色“面具”，是任何模仿者都学不来的。

镰鱼

马夫鱼

与镰鱼绅士般的外在相悖的，是它嘴里的尖利牙齿。镰鱼以海绵等无脊椎动物为食，它那细长的吻部尤其适合伸到窄小的缝隙中探寻食物。凭借牙齿这件摄食利器，镰鱼甚至能轻易地啃噬脑珊瑚。不过，镰鱼幼鱼可吃不到脑珊瑚，因为镰鱼的“童年”是在开阔大洋度过的。镰鱼从幼鱼成长为成鱼，经历了从“灰镰鱼”到“角镰鱼”的转变。幼鱼通体透明，腹部银白色，故而被称为“灰镰鱼”。长大后，它的吻部逐渐变长，额上长出了角状突起，变成“角镰鱼”。镰鱼幼鱼通常以小群体的方式活动，而成鱼喜欢独自行动或几条相伴而行。如果你运气好，也可能遇到上百条镰鱼聚集的奇观。

有人说镰鱼是忠贞的鱼儿。确实如

此。镰鱼的雄鱼与雌鱼一旦配对结合，便从一而终，不弃不离。雄鱼还会表现出较强的攻击性，以维护自己对配偶的“所有权”。尽管如此，镰鱼平素十分胆小，一有风吹草动，它就急忙躲进礁石缝隙。夜晚，它静静地停在海底休息，身体颜色也暗淡下来，将自己隐藏在夜色中。

鹰一般的捕食者——副䱵

在珊瑚礁海域，许多鱼儿都是依靠绚丽的体色来躲避天敌、迷惑猎物的，副䱵也不例外。然而，它的别称“眼镜鹰”却昭示着它的与众不同。副䱵的眼睛后方有一个马蹄形的标记。仔细观察就会发现，这个标记从内到外的 3 条色带分别是橙色、红色和亮蓝色，颜色分明，好像给副䱵戴上了新潮的眼镜。除此之外，副䱵的鳃盖下部还有 3 组十分短小的彩色条纹。不过，副䱵最明显的特征当属“外衣”上那一抹白色。以上这些特点，能让我们从珊瑚礁海域的众多生物中一眼辨认出这种有“艺术气息”的鱼儿。

副䱵分布在印度 – 太平洋，经常在 30 米以浅的水层活动，偶尔也能游到水深 90 米的地方。潟湖和珊瑚礁是它最爱的栖息地。它常常用宽大的胸鳍支撑着身体，“趴”在珊瑚上一动不动。可不要以为它反应迟钝，其实，它正在静静地等待小鱼或底栖小型甲壳动物出现。一旦发现猎物，它就会像老鹰一般果断出击，动作十分迅捷。或许这就是它的别称里带有“鹰”字的原因吧。当然，如果察觉到捕食者游近，它也会迅速从栖身之地游开，捕食者只能“干瞪眼”。

副䱵所属的䱵科鱼儿的“家庭”里，有的是“一夫多妻”，有的是“一夫一妻”，还有的具有更复杂的关系。雄鱼的体型往往比雌鱼的大，它们要肩负起保护雌鱼以及所辖领地的责任。它们的领地往往是一块或几块很大的珊瑚群落。雌鱼也不能掉以轻心，它们要关注着雄鱼的求偶地点，以免被其他雌鱼抢占先机。䱵科鱼儿的求偶行为在黄

副鳚

副鳚

昏进行，过程十分短暂。雄鱼必须抓紧时间穿梭于自己的领地，获得更多繁殖后代的机会。“家庭”里的雄鱼死去后，体型最大的雌鱼会性逆转，成为雄鱼。但是，鳚科鱼儿的雄鱼与雌鱼体色相差不大，很难以此分辨性别。

“五彩精灵”——海猪鱼

听到“海猪鱼”这个名字，你的脑海里可能会蹦出这样的疑问：这些鱼儿与猪有什么关系？实际上，海猪鱼和猪是八竿子打不着的关系。有人认为，海猪鱼得此“雅称”是因为它们的学名来源于希腊语，直译为“盐猪”。也有人认为，海猪鱼突出的吻部形似猪鼻子，故得此名。

海猪鱼家族十分庞大，有 80 多种成员，绚丽多姿，可谓珊瑚礁的“五彩精灵”。海猪鱼身体侧扁，成鱼体长仅十几厘米。海猪鱼的体色能随着生长而发生变化，体色变化也是辨别雌鱼和雄鱼的重要依据。圃海海猪鱼幼鱼一般为浅灰色，体侧和尾柄有颜色不均匀的横带；长大后，雌鱼头部和尾鳍显现出鲜艳的亮黄色，而雄鱼头部、背鳍及尾鳍出现橙色的斑点或条纹。通常，雄鱼身上有更多色彩鲜亮的图案。

虽然海猪鱼没有猪那般的长相，但有着与猪相似的习性。夜色来临时，它们就会潜到沙里，睡起大觉。它们渐入梦乡之时，即使被托举上岸也不会马上苏醒，因此经常会被误认为死鱼。海猪鱼不仅嗜睡，还贪吃。它们算得上是鱼儿中的“大胃王”，大量摄食底栖甲壳动物、小鱼等。觅食时，幼鱼喜欢聚成一小群，成鱼更爱单独行动。有些海猪鱼还在海洋中担任“清洁工”，捡食其他鱼儿身体上的寄生虫和老化的组织。

广阔的珊瑚礁被海猪鱼划分为许多大小不一的领地，每片领地都由一条强壮的雄性海猪鱼捍卫着，这条海猪鱼带领着多条雌鱼组建成“家庭”。因为在海猪鱼的小群体里一般只有一条雄鱼，所以繁殖时不会发生争斗。如果这条雄鱼死亡，那么个头最大的一条雌鱼就会转变为雄鱼，以便繁衍后代。这种繁殖策略既能让群体中处于劣势的鱼儿躲过“统治者”的威压，也能让它们拥有繁育下一代的机会。

“五彩精灵”海猪鱼的外貌深受水族

圃海海猪鱼幼鱼

圃海海猪鱼

斑点海猪鱼

爱好者的青睐，因而常见于水族馆。但别忘了，它们也是珊瑚礁的“常客”，与珊瑚礁休戚相关。随着各类环境问题导致的珊瑚死亡，海猪鱼的生存也将面临巨大威胁。

海中“飞毯”——纳氏鹞鲼

大海中从来不缺好看的皮囊，但是能把黑白配色运用得恰到好处的物种，纳氏鹞鲼一定算一个！纳氏鹞鲼的胸鳍硕大而扁平，上面的白色斑点密而不乱。当它挥动双鳍在海中畅游的时候，就像是镶嵌着珍珠的飞毯一样。除了发达的胸鳍，纳氏鹞鲼还有一条长鞭状的尾巴，根部长着许多带有倒钩的毒刺，令捕食者望而却步。

纳氏鹞鲼的踪影遍及全球的热带和暖温带海域，海湾和珊瑚礁海域是它最常光顾的地方。纳氏鹞鲼的运动受潮汐的影响，每到高潮，它就会变得格外活跃。当遇到危险时，它还会从海中一跃而起，从而躲避敌害。纳氏鹞鲼经常成群结队地在大洋里迁徙，上百条“飞毯”在海中“飞行”的场面颇为壮观。繁殖季节，甚至几条雄鱼对着

纳氏鹞鲼

一条雌鱼穷追不舍。纳氏鹞鲼是一种卵胎生的软骨鱼，小鹞鲼在妈妈的肚子里吸收卵黄的营养。经过一年的妊娠，鹞鲼妈妈可以产下多达 4 条可爱的小鹞鲼。

纳氏鹞鲼

作为一种不怎么挑食的鱼儿，纳氏鹞鲼的食物包括鱼、虾、蟹、软体动物等。那具有 V 形结构的牙齿让它能咬碎软体动物的硬壳，轻而易举地尝到美味。神奇的是，它还会用突出的吻部掘拱海底沙地，再“吹”起沙子来包住自己，就像在洗沙浴。

即便有毒刺护身，纳氏鹞鲼也难以逃脱虎鲨、柠檬鲨、双髻鲨这些大家伙的大口。人们就曾在开阔海域看到一条纳氏鹞鲼被双髻鲨攻击的场景。被双髻鲨一口咬掉一半胸鳍的纳氏鹞鲼毫无还手之力，沦为双髻鲨的食物。更悲惨的是，鲨鱼还会尾随纳氏鹞鲼“准妈妈”，在小鹞鲼刚来到这个世界时就将它们一口吞下。不过，“大鱼吃小鱼”是自然界里的正常现象，纳氏鹞鲼本不该承受的压力来自人类。在东南亚和非洲，纳氏鹞鲼被大量捕捞、售卖。好在有些地方已经着手保护纳氏鹞鲼。比如，南非不仅减少了防鲨网的使用，以避免纳氏鹞鲼被尼龙网缠住而死，还限定了每人每天可购买的鹞鲼数量。希望人类能采取更多有效措施，让这些美丽的“珍珠飞毯”在大海里自由地“飞翔”。

温顺的鲨鱼——白斑斑鲨

一些鲨鱼身形娇小，体态优美，性情也十分温顺，可谓鲨鱼大家族中的另类。下面就让我们认识一种温顺的鲨鱼——白斑斑鲨。

白斑斑鲨身体狭长，但最长只有 70 厘米。它有着又短又窄的脑袋和椭圆形的眼睛。你如果与它对视，就会感到自己被恶狠狠地盯着。它的身体表面，包括各个鳍，都布满了黑色和白色的斑点，这些斑点通常聚集在一起形成条纹，令人眼花缭乱。成年的雄性白斑斑鲨还有着特别细长的鳍脚，用来与雌性交配。

在印度 – 太平洋的浅水珊瑚礁海域，白斑斑鲨是一种十分常见的鲨鱼。白天，它常常偷懒，躲在礁石缝隙中。它那狭长的身躯令它可以轻而易举地钻进礁石间的狭小空隙。太阳渐渐西沉，它就兴奋起来，在海底搜寻小型无脊椎动物和小鱼，为填饱肚子而忙碌着。日出之前，它又会躲起来。白斑斑鲨的生殖方式是卵生，雌性每次交配后会产下两枚形似钱包、带有厚厚卵鞘的卵。卵鞘的一端四四方方，另一端则生出两只尖端卷曲的“角”。卵在温度适宜的海水里待 4~6 个月后，身长 10 厘米左右的小鲨鱼就会破壳而出啦！

白斑斑鲨的食用价值并不高，但有时候它也会成为珊瑚礁渔业的兼捕对象，被加工成鱼粉、鱼肝油。随着渔业活动的增加和栖息地的退化，它的处境也变得越来越危险。在《IUCN 红色名录》中，白斑斑鲨被列为近危物种。娇小的体型和温顺的性格也使白斑斑鲨成为许多水族爱好者的“心头好”。但是由于大多数水族箱的体积较小，

白斑斑鲨

白斑斑鲨往往会对其他小鱼产生威胁。所以，还是让白斑斑鲨在大海中自由自在地徜徉吧！

长吻尖尖似鸟喙——尖嘴鱼

嘴巴尖尖的鸟儿可真不少，啄木鸟、鹦鹉、翠鸟等，不胜枚举。但尖嘴可不是鸟儿的专属特征。海洋里就有这么一类鱼儿，长着细长如鸟喙的吻部，与它们周围的海洋“居民”相比，显得格格不入。这些长相怪异的鱼儿因这个突出的特征而被命名为尖嘴鱼。又因为它们属于隆头鱼大家族，故有人将它们称为“鸟嘴隆头鱼”。

尖嘴鱼属只有杂色尖嘴鱼和雀尖嘴鱼两种。尖嘴鱼从幼鱼成长为成鱼，经历着天翻地覆的变化，不仅短小的吻部变得狭长，性别也发生了改变。尖嘴鱼雌雄同体，幼鱼先发育为雌性，继而由雌性转变为雄性。杂色尖嘴鱼的雄鱼和雌鱼体色差别很大：雄鱼将蓝色、绿色、黄色、棕色都往身上“涂”，将“杂色”表现得淋漓尽致；雌鱼则“衣着朴素”，以黑、白为主调。雀尖嘴鱼呈现孔雀般亮丽的蓝色或绿色，雄鱼的鳍边缘浸染上了天蓝色，雌鱼体表兼有白色、黄色、墨绿色。这种雌雄差别明显的体色有利于区分性别，对尖嘴鱼种群繁衍有重要作用。

雄性杂色尖嘴鱼

雌性杂色尖嘴鱼

雌性雀尖嘴鱼

雄性雀尖嘴鱼

尖嘴鱼独特的吻部可能让你联想到食蚁兽。的确，食蚁兽有着尖而长的吻部，那可是它们舐食深藏于洞穴中的蚂蚁的利器。尖嘴鱼也能利用自己的长吻在珊瑚礁缝隙啄取食物。虽然长吻看上去有些笨拙，但尖嘴鱼却是海洋里的“狠角色”。成年的尖嘴鱼完全可以轻易地捕杀雀鲷等小型鱼儿，而且它们还是很多软体动物的天敌，是纯粹的肉食性鱼儿。

尖嘴鱼那怪异又富于变化的外表特征使其成为水族贸易对象。尖嘴鱼能用它们那长长的吻部清理对珊瑚有害的小螃蟹，因而深受水族爱好者的喜爱。

别被我的“外套”闪了眼睛——豹纹鳃棘鲈

豹纹鳃棘鲈可能是一种对密集恐惧症患者不“友好”的鱼儿，它也是鱼市场大名鼎鼎的“东星斑”。豹纹鳃棘鲈身体呈红色或者绿褐色，有密密麻麻的小斑点。它可以迅速改变体色，在捕猎时还会呈现极具迷惑性的图案。

豹纹鳃棘鲈

豹纹鳃棘鲈

豹纹鳃棘鲈属于鲈形目鮨科鳃棘鲈属，分布于西太平洋水深 3~100 米的热带珊瑚礁海域，主要栖息在珊瑚繁盛的潟湖，也经常出现在礁区斜坡处。它生性十分凶猛，非常贪吃，经常捕食体型较小的鱼儿，也偶尔吃些小虾、小蟹补充钙质。

豹纹鳃棘鲈是一种雌雄同体的鱼儿，在生命周期中会发生由雌性向雄性转变的过程。通常，豹纹鳃棘鲈的体长为 23~62 厘米时，就可能发生性逆转。在新月前后，豹纹鳃棘鲈会短距离洄游到珊瑚礁海域，形成产卵群体，雌鱼产下微小的浮性卵。性逆转往往发生在雌鱼产卵后的几个月内。研究表明，体型越大的雌鱼所产的卵在生长发育过程中就越有优势，而体型较大的个体大多是产卵后的雌鱼所变成的雄鱼。这就使得豹纹鳃棘鲈在自然状态下很有可能发生雌雄比例失调的现象，导致种群数量下降。

豹纹鳃棘鲈味道鲜美，经常被“送”上餐桌。早在 1998 年，豹纹鳃棘鲈的年捕捞量就已经达到 1 500 吨。这也成为豹纹鳃棘鲈种群数量下降的重要原因。

稀客

豹纹鲆

完美的伪装者——豹纹鲆

蝶形目鱼儿身体极扁平，特别适合底栖生活。其中的牙鲆、大菱鲆等，都是我们生活中常见的种类。珊瑚礁海域同样有蝶形目的成员，如接下来要介绍的豹纹鲆。豹纹鲆属于鲆科鲆属，仿佛穿了一身豹纹夹克。它可以用鳍搅起沙子覆盖在身上，一动不动地隐藏着，堪称完美的伪装者。这时你就是有再好的眼力，恐怕也难以发现它。

豹纹鲆分布在印度－太平洋水深 3~150 米的海域，通常生活在潟湖、海湾的沙质海底，但也能生活在珊瑚礁或海草床。豹纹鲆的身体呈卵圆形，体色为棕色，有斑点，侧线的中部还有一个很大的黑色斑点。胸鳍延长成丝状，这个特点在雄鱼身上尤为突出。延长的胸鳍可以用来在求偶或者受到威胁时发出信号。豹纹鲆的两只眼睛都位于身体左侧。值得一提的是，蝶形目的鱼儿在胚胎发育初期，眼睛的位置还是正常的；后来，一侧的眼睛会慢慢偏移到另一侧。眼睛位于同侧的这一特点使它们得名“比目鱼”。

豹纹鲆大部分时间隐藏在泥沙或者礁盘中，偶尔会借助身体波浪形的抖动来稍稍前行。它通常以泥沙中的甲壳动物为食，它完美的伪装也让游过的小鱼疏于防范而被它吃掉。多变的体色和沙子般的斑纹还能让它瞒过捕食者的双眼。然而，如此会伪装的鱼儿还是被人们做成了美味的大餐，或者被加工成鱼粉、鱼酥。

豹纹鲆延长成丝状的胸鳍

不爱游泳爱“走路”——躄鱼

你知道海里有不爱游泳的鱼儿吗？珊瑚礁海域就有这么一类鱼儿，大概羡慕陆地动物的腿，于是将自己的一对胸鳍和一对腹鳍都“锻炼”成了“爪”，在海底踱着鳍“走路”，它们就是躄鱼。除了可爱的“爪”，躄鱼还有一个特别之处——它们能隐身于周围的环境中。比如，有的躄鱼可以拟态海绵。也就是说，你潜水时遇到的“海绵”有可能是伪装起来的躄鱼！

鮟鱇目躄鱼科的鱼儿生活在热带和亚热带的珊瑚礁海域、河口、潟湖等。躄鱼一般头很大，嘴也很大，身体从侧面看呈卵圆形，尾鳍则呈现好看的圆形。它们的身体上通常有肉质小突起。有的全身裸露，有的体表有一层小鳞片，有的被一层绒毛状的小棘所覆盖。有些种类的躄鱼，腹部在某些条件下也会像六斑刺鲀一样膨大起来，圆鼓鼓的。

躄鱼具有异于其他鱼儿的能力。大斑躄鱼的体色可以从淡淡的奶油色变为深褐色，表皮上有许多疣状突起和大小不一的斑点。多斑躄鱼形状奇特，可以将自己伪

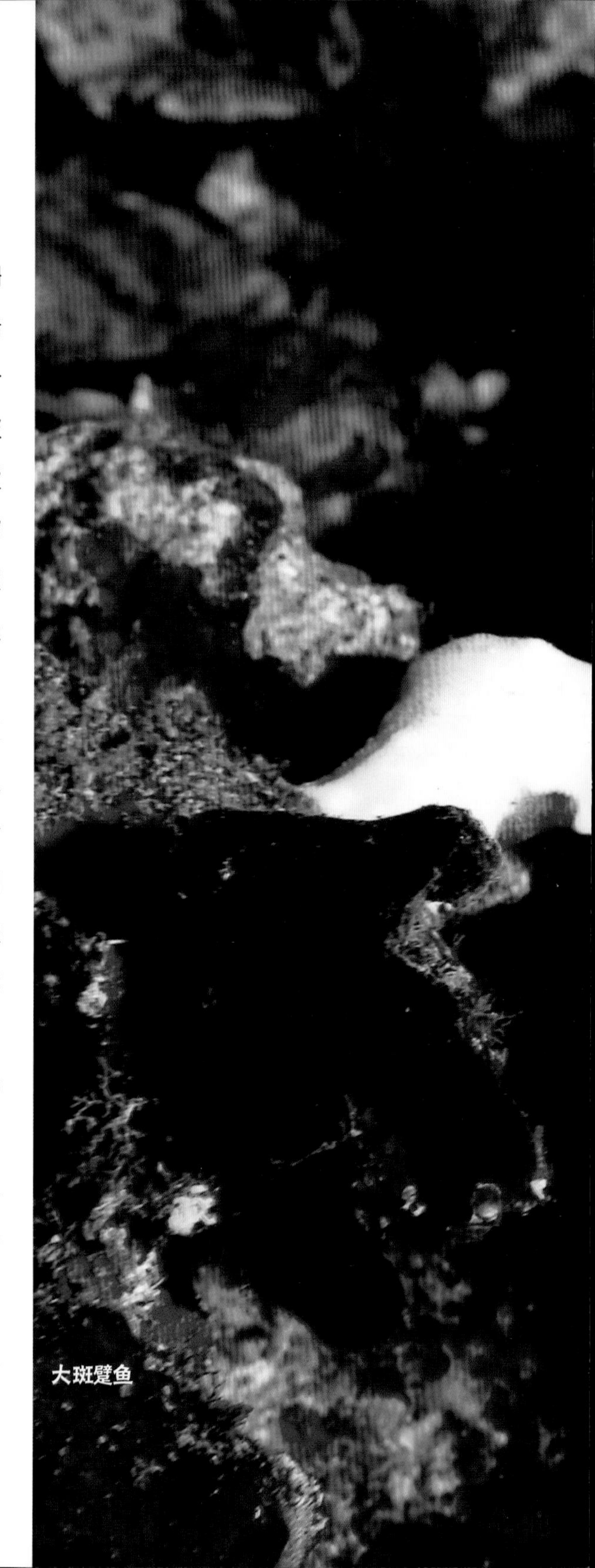
大斑躄鱼

装成珊瑚，让人难以发现。多斑躄鱼还是狡猾的伏击捕食者，会摆动自己背鳍的第一鳍棘作为诱饵，一旦有猎物靠近，就以闪电般的速度将猎物吸到巨大的嘴里。因此，它尽管外形独特，也并不是水族生物的“好邻居”。在繁殖方面，躄鱼也不同寻常。雌性康氏躄鱼会产下筏状的卵块——卵筏，里面含有数量相当多的卵粒。卵粒受精后，会镶嵌在卵筏中直到孵化。

除了对猎物残忍，躄鱼对自己的同类甚至配偶也十分残忍。它们习惯了独来独往，只有在繁殖期才会聚集在一起。繁殖活动结束后，它们就不再“容忍”彼此了。雄鱼甚至会残害雌鱼，使用的还是对待猎物用的“诱捕法”！

多斑躄鱼的诱饵

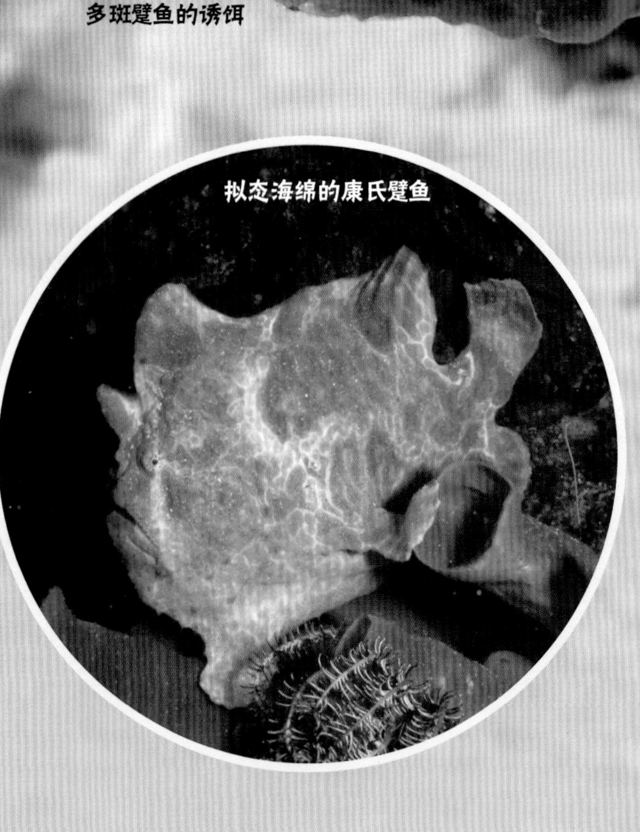
拟态海绵的康氏躄鱼

“免费旅行家”——䲟鱼

在茫茫大海中，游弋的鲸鱼身上有时会粘着几条头部扁扁的棕褐色鱼儿，这些鱼儿就是海里的“免费旅行家”——䲟鱼。乍一看，䲟鱼的头顶仿佛被削平了，其实是因为它们的一部分背鳍特化成了吸盘，这样就可以吸附在其他动物的身体上“搭便车”。䲟鱼的“交通工具”并不只有鲸鱼，还有鲨鱼、鳐鱼、海龟等。其他小鱼眼中凶猛的捕食者，对它们来说却是在大海里穿梭的“大巴车”。有时，䲟鱼还会与潜水员亲密接触，粘在他们身上伴游。这些“交通工具”把䲟鱼带到了海洋各处，在热带、温带的温暖水域，都能看到䲟鱼的身影。

䲟鱼的吸盘

吸附在豹纹鲨身上的䲟鱼

作为“免费旅行家”，䲟鱼不仅能够“遨游”海洋，还可以得到“免费”的食物：它们能吃掉宿主身体上的寄生虫，也有机会“享受”宿主的残羹冷炙。随着鲨鱼、鲸鱼长途旅行，不仅吃喝不愁，安全也有保障。但是，大巴车总有到站的时候，䲟鱼也不可能永远跟随别人流浪，而它们落脚的地方，通常就是珊瑚礁。

䲟鱼是循着小时候的记忆来到珊瑚礁的。它们曾在珊瑚礁上作为清洁鱼辛勤地招待鹦嘴鱼等老顾客。后来䲟鱼慢慢长大，吸盘逐渐形成。它们长到手指大的时候，就离开珊瑚礁，寻找宿主，到处流浪。长大后的它们时常跟随宿主回到珊瑚礁海域，开始自力更生的生活，捕食虾、蟹、乌贼和一些小鱼。䲟鱼没有鱼鳔，游泳能力不强，但珊瑚礁海域丰富的生物也能让它们填饱肚子。直到有一天它们找到新的宿主，就开启下一次旅行。

人们利用䲟鱼的习性捕捞。在印度洋沿岸，渔民抓住䲟鱼后，用绳子绑住它们的尾巴，放归大海，再拉绳子上来的时候，䲟鱼的宿主就被一起抓了上来。在非洲、大洋洲的一些地方，渔民经常用这种方法捕捞海龟。

随着海洋航运的发展，䲟鱼有时候也会“乘坐”现代化的“交通工具”，如吸附在轮船底部，随着轮船四处漂泊。

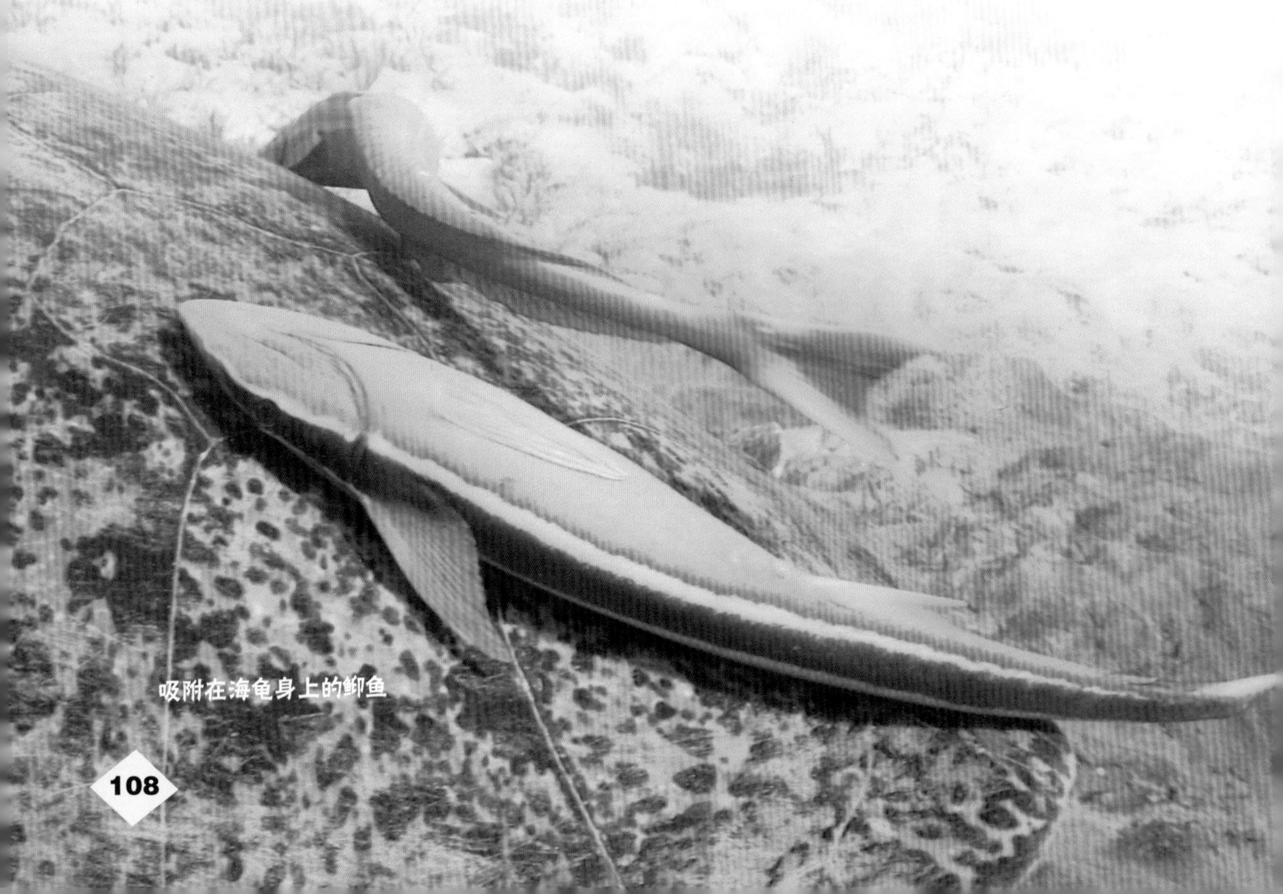
吸附在海龟身上的䲟鱼

佩戴“刺刀”觅食——杜氏下鱵鱼

在珊瑚礁海域，有的时候你会遇到一种看上去很奇怪的鱼儿，它的嘴有点怪怪的，“下嘴唇”竟然突出那么长，仿佛一把刺刀。它就是杜氏下鱵鱼，属于鹤鱵目鱵科，生活在印度洋－太平洋的温暖水域。或孑然一身，或成群结队，杜氏下鱵鱼带着标志性的吻部，出现在珊瑚礁海域。有的时候，它也会出现在海草床或岛屿的周围。

虽然有人被杜氏下鱵鱼的吻部刺伤，但这样尖锐的吻部可不是用来在海里“拼刺刀”的。让我们来学学“看嘴识鱼”！像杜氏下鱵鱼这种口型，叫作上位口，也就是下颌比上颌长。一般来说，长着这种口型的鱼儿生活在海洋的中上层，以浮游动物如桡足类为食。这样的口型方便它们捕食视野中的猎物。一些底栖鱼儿往往长着下位口，便于从海底或者礁石上获得食物。一些擅长游泳的肉食性鱼儿，通常长着向前突出的端位口，同样是为了高效捕食。在大自然中，千百万年的演化让鱼儿具备千变万化的“造型”，适应着不同的生活。

杜氏下鱵鱼

海中“狼群”——黄尾魣

食物充足的珊瑚礁会吸引成群的“海狼”。鲈形目金梭鱼科魣属的黄尾魣就是“海狼”的代表。它们拥有锋利的牙齿和尖利的嘴，修长的身体后面拖着一条金黄色的尾巴。无论是在河口，还是大洋，你都能看到它们的身影。

每当成百上千条黄尾魣组成的鱼群出现在珊瑚礁海域时，你会不由得为这壮观的景象发出感叹。毕竟是“海狼”，除了一些凶猛的鲨鱼，黄尾魣没有什么天敌。而且成群活动不仅有利于它们寻觅猎物，还让它们更容易抵御鲨鱼的捕食。黄尾魣以体型较小的鱼儿为食，也捕食一些大型的无脊椎动物，有时还会捕食同类的幼鱼。

每年的 4 月到 9 月是黄尾魣的繁殖季节。雌鱼会分几次排卵，每次能产下 5 000~30 万枚卵！这些卵受精之后，就在大海里随波逐流，直到孵化出幼鱼。幼鱼一般生活在近岸海域，如海草床和河口，因为这些地方不仅食物丰富，而且能为幼鱼提供庇护所。幼鱼长大之后才会聚集到较深的珊瑚礁海域。黄尾魣是凶猛而敏捷的猎食者，游速能达到 40 千米 / 时，再加上它们因捕食及逃避鲨鱼而形成了成群活动的习惯，“海狼”名副其实。它们像狼群一样，依靠着集体的力量，在珊瑚礁海域占据了一席之地。

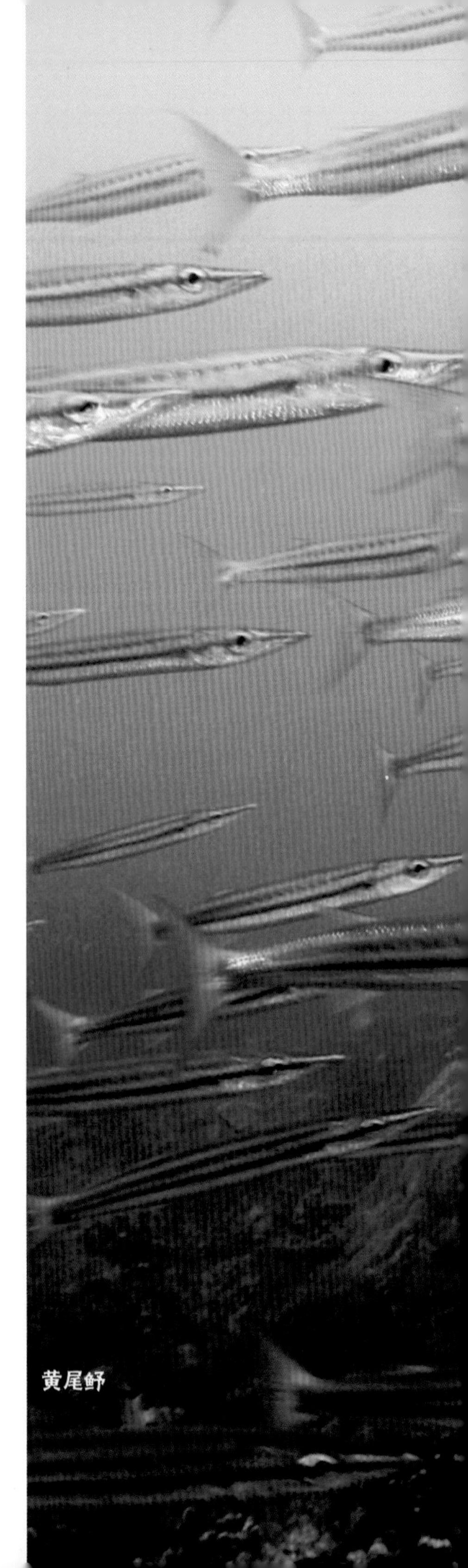
黄尾魣

勇敢的大洋漫游者——翻车鲀

在无边无际的大海里，有一类鱼儿你一定不能错过，那就是翻车鲀。大眼睛、小嘴巴、厚嘴唇，再加上笨拙的游泳动作，真是让人忍俊不禁。仔细观察，翻车鲀并没有真正的尾巴，却有两个对称的巨大的鳍，看上去就像是被拦腰砍去了一截，只留下一个会游泳的“脑袋”。翻车鲀非常喜欢平躺在水面上晒太阳，它们扁平的身体就像一个磨盘，这也是它们的学名中*Mola*一词的来历。翻车鲀还是最重的硬骨鱼，它们的体重甚至能超过 2 吨，几乎与一台越野车相当。虽然长得呆头呆脑，翻车鲀却是名副其实的大洋漫游者。它们能勇敢地在大洋中漂泊数千千米，除了寒冷的海域之外，大洋中遍布它们的踪迹。

翻车鲀

作为漂泊千里的漫游者，翻车鲀可以说是不修边幅。如果你凑到近前观察，会发现它们简直是寄生虫的“免费邮轮”！它们的皮肤里生活着各种各样的寄生虫，甚至眼睛、嘴巴都成了寄生虫的温床。科学家曾在一条翻车鲀身上发现 50 多种寄生虫，这些寄生虫不仅大小不同、形态各异，有的寄生虫身上还住着寄生虫。它们搭上翻车鲀这艘“邮轮”，既能漂泊万里去“观光”，又能过着饭来张口的悠闲生活。翻车鲀当然不想过得这么邋遢，也会想办法去摆脱这些不劳而获的寄生虫。翻车鲀在水面晒太阳的时候，就会有海鸟停在它们身上啄食寄生虫，替它们清洁皮肤。最有效的方法是定期去珊瑚礁海域做一次“皮肤护理”。这些珊瑚礁“稀客”的每次光顾，对清洁鱼来说都意味着一顿难得的美餐。清洁鱼蜂拥而上，将翻车鲀体表的寄生虫一扫而光。下一次大洋漫游之后，翻车鲀又会带着新的寄生虫，风尘仆仆地来到珊瑚礁海域。

要“养活”这些寄生虫，翻车鲀必须先养活自己。虽然身型庞大，但是翻车鲀的性格十分温和。它们的主要食物是水母，也会捕食乌贼、海鞘等。有时候翻车鲀会将塑料袋误认成水母吞下，往往因此死亡。翻车鲀喜欢在大海里上下游动，寻找食物丰富的地方，有时能潜到水深 600 米处。还有一种说法：翻车鲀在大海里通过上下游动来调节自己的体温，冷了就浮上来晒晒太阳，热了就潜到深水中乘凉。可是翻车鲀并没有用来调节浮力的鱼鳔，它们靠皮肤上的胶质层维持浮力。它们厚厚的皮肤，也让绝大多数捕食者无能为力。但是，虎鲸、鲨鱼仍然可以依靠锋利的牙齿捕食翻车鲀，海狮也能对幼小的翻车鲀构成威胁。

翻车鲀幼鱼可能还没有一粒大米那么大，但它们成年后体重能达到幼鱼时的 6 000 万倍！有一条被饲养在水族馆的翻车鲀，仅一年多的时间，体重竟然增加了接近 400 千克！一条雌性翻车鲀一次能够产 3 亿粒卵，但是能真正“长大成鱼”的可能还不足 30 粒。翻车鲀出生在危机四伏的海洋，拼命长大，之后漫游四方，似乎永远不会安定下来。这样看来，这位大洋漫游者称得上是真正的勇士！

在海面晒太阳的翻车鲀

双吻前口蝠鲼

抵达珊瑚礁清洁站的阿氏前口蝠鲼

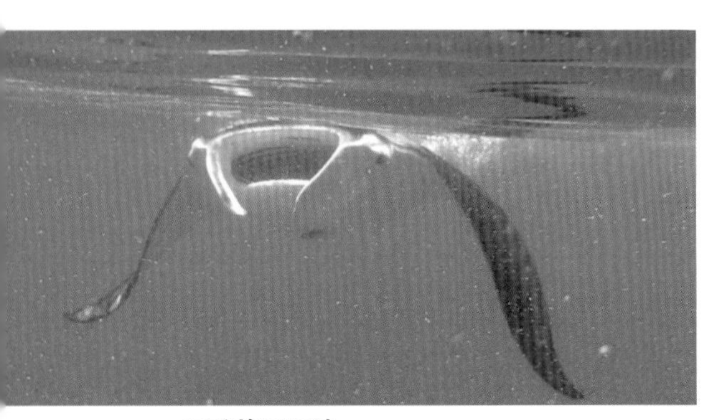

阿氏前口蝠鲼

温柔的海中“巨人”——蝠鲼

有时候，珊瑚礁鱼儿会突然感觉“天黑了”，并不是因为一片乌云遮住了阳光，而很有可能是蝠鲼在对珊瑚礁进行定期造访。

蝠鲼是软骨鱼，又是鲨鱼的近亲，生活在太平洋、印度洋的热带、温带海域，在大西洋中也有分布。鱼如其名，它们就像海中巨大的蝙蝠。它们的两翼是特化的巨大的胸鳍，翼展可达 9 米，体重可达 2 吨，称得上海中“巨人”。虽然体型巨大，看起来像凶神恶煞，这些海中“巨人”却十分温柔，它们以浮游生物为食。它们还挺有好奇心，经常与潜水员在珊瑚礁海域共舞。这些温柔的海中“巨人”，连最后一点防备都放弃了：与“孪生兄弟”魔鬼鱼相比，它们的尾部没有防身的毒刺。但是它们硕大的体型是震慑敌人最有效的武器。

有一些珊瑚礁鱼儿并不害怕蝠鲼庞大的身躯，它们眼中的蝠鲼是巨型移动“餐桌”。为什么呢？这与蝠鲼造访珊瑚礁的原因密切相关。珊瑚礁是蝠鲼的清洁站，珊瑚礁海域的清洁鱼会为蝠鲼清除身体表面的死皮和寄生虫。当然，珊瑚礁也是蝠鲼的“餐桌”。蝠鲼虽然有牙齿，却不会咀嚼食物，而是用鳃耙过滤水中的浮游生物和小鱼。珊瑚礁作为海洋中的生命绿洲，吸引了许多浮游生物，于是成了蝠鲼理想的觅食场所。蝠鲼仅需张开大口，上下游动，等待海流将食物送到口中，就可享受一顿美餐。

对大多数蝠鲼来说，提供食物与清洁服务的珊瑚礁只是自己短暂停留的地方。它们仅偶尔来到珊瑚礁，大部分时间还是会在茫茫大海中遨游。直到 2009 年，科学家们还以为世界上只有一种蝠鲼；但是，随着研究的深入，他们将蝠鲼分为珊瑚礁蝠鲼和大洋蝠鲼。大洋蝠鲼不仅体型更大，身上的花纹也与珊瑚礁蝠鲼有所区别；大洋蝠鲼能迁徙 1 000 多千米，珊瑚礁蝠鲼的活动范围则小得多。

人们一直认为，蝠鲼是孤独的海中“巨人”，经常形单影只，独自遨游；后来才发现，蝠鲼在迁徙、捕食时可以 50 多条形成一个群体。在繁殖季节，许多雄性蝠鲼会聚在一条雌性蝠鲼周围，雌性蝠鲼经过一番挑选后，才与一条雄性蝠鲼交配。受精卵在雌性蝠鲼体内孵化一年，小蝠鲼出生后便独自开启长达 50 年的生命旅程。从前，大多数蝠鲼能够“寿终正寝”，因为在自然界它们只有虎鲸、大白鲨等天敌。现在，人类活动严重威胁着它们的生存。

蝠状无刺鲼

丑而不失“性感”——达氏蝙蝠鱼

达氏蝙蝠鱼

海里的许多鱼儿与陆地上的动物长得相似，接下来要谈到的达氏蝙蝠鱼就有着蝙蝠般的长相。它的鳞片比较平滑且有光泽，胸鳍和腹鳍就像4条强有力的腿，帮助它在海底“行走”。

达氏蝙蝠鱼属于鮟鱇目蝙蝠鱼科蝙蝠鱼属，生活在东南太平洋科隆群岛至秘鲁的热带珊瑚礁海域。它通常栖息于沙质海底，以小型无脊椎动物为食。10米以浅的水层是它最爱的生活区域，但它偶尔也会随心所欲地游动在不同水深的海底。

达氏蝙蝠鱼成年后，背鳍会发育成一个棘状突起。这突起虽然丑丑的，在一些小动物眼里却是香嫩可口的食物，达氏蝙蝠鱼借此来引诱猎物。最让达氏蝙蝠鱼出名的，并不是它模仿了蝙蝠的长相（毕竟蝙蝠鱼科的鱼儿都长得差不多），而是它的“烈焰红唇”！它还因此得了另外一个名字——红唇蝙蝠鱼。“红唇”令达氏蝙蝠鱼看上去就像涂了口红一样，虽然丑，却不失“性感”。

大眼睛的小银鱼——南洋美银汉鱼

在珊瑚礁鱼儿中，既有独来独往的“独行侠”，也有成群结队、依靠群体力量生活的小鱼儿，如南洋美银汉鱼。

南洋美银汉鱼是银汉鱼目银汉鱼科美银汉鱼属的一种鱼儿，分布在印度－太平洋的珊瑚礁海域。一听它名字里的“银汉”二字，你就不难想到，它是一种高颜值的鱼儿。它的眼睛占身体的比例很大，身体背部呈蓝绿色且略透明，体侧有一条银色的纵带，在阳光下闪着金属光泽。南洋美银汉鱼是一种依靠群体力量生存的鱼儿，通常成群结队地活动在泥沙底质的海域，与沙丁鱼一样，用改变群体形态的方式来迷惑捕食者，保护自己。不过，南洋美银汉鱼白天集群活动，夜晚群体“解散”后则会各自觅食。

南洋美银汉鱼主要以小型浮游动物为食，是食物链较底层且数量较多的鱼儿，这使得它成为一种重要的饵料生物。除了鲨鱼、金枪鱼等大型鱼儿捕食南洋美银汉鱼外，燕鸥、海鸥等也会在海面享用这数量庞大的美餐。南洋美银汉鱼通常在孵化后一年内达到性成熟。它的繁殖力较低，雌鱼会在生殖季节多次产卵，产卵后便结束了自己的一生。

南洋美银汉鱼幼鱼

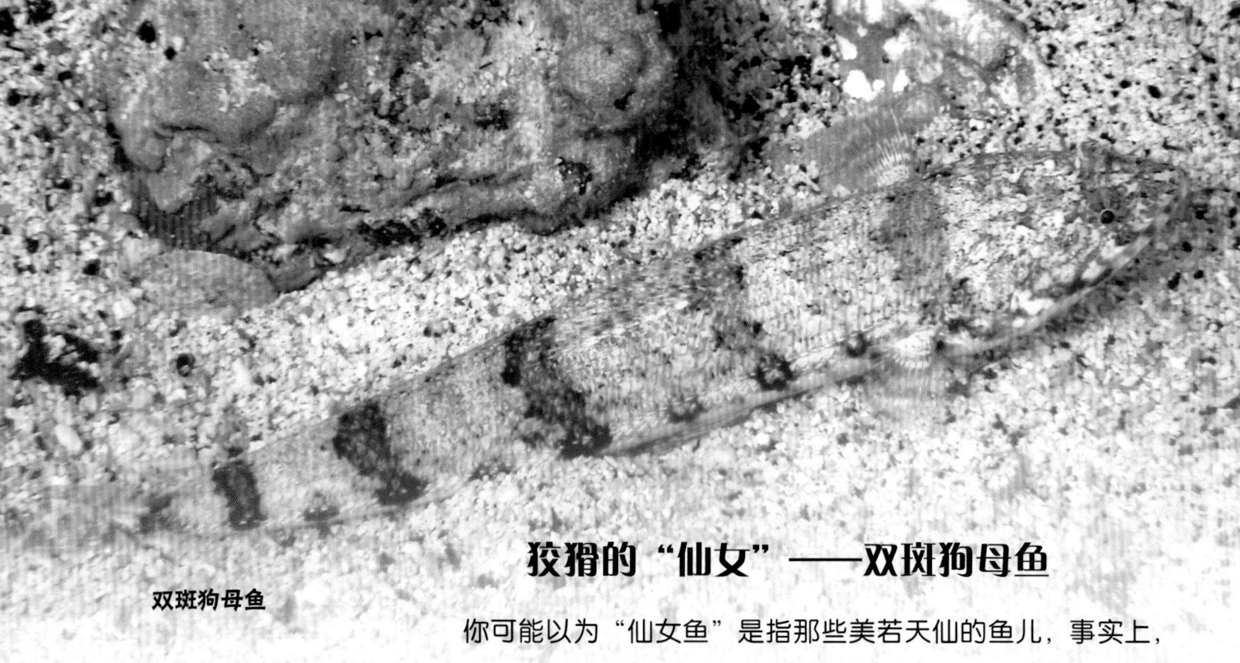
双斑狗母鱼

狡猾的“仙女”——双斑狗母鱼

你可能以为“仙女鱼”是指那些美若天仙的鱼儿，事实上，仙女鱼目里还有笨拙的龙头鱼、蛇头蛇面的蛇鲻以及这次的主角——双斑狗母鱼。

双斑狗母鱼属于仙女鱼目合齿鱼科狗母鱼属，分布在印度－太平洋的热带珊瑚礁海域，能够生活的水深可达 88 米。双斑狗母鱼明明是体表密布着斑点，为什么得名“双斑”呢？其实，“双斑”的奥秘就在它的鼻孔上方，那里有两个明显的黑色小斑。双斑狗母鱼口裂很大，颌骨上有一排锐利的小牙齿，身体呈长圆柱状，尾柄两侧都有棱脊，尾鳍呈叉形。

双斑狗母鱼怎么看也不像是好惹的鱼。它常常“趴”在海底，利用体色和花纹将自己与环境融为一体；有时，它还会头朝下“趴”在斜坡上。它就这样静静地隐蔽着，待美味可口的小鱼、小虾一出现，它就一跃而起，美美地吃上一顿。这样的“仙女”是不是很狡猾？

长鼻子“匹诺曹”——短吻鼻鱼

故事里的匹诺曹因为说谎而鼻子越来越长。在大海里也有一种鱼儿，虽然没说谎，却拥有匹诺曹“同款”长鼻子，它的名字是短吻鼻鱼。

短吻鼻鱼是鲈形目刺尾鱼科鼻鱼属的一种鱼儿。它分布在印度－太平洋的温暖海域，可以生活在水深 120 米处。短吻鼻鱼的身体呈棕灰色，上面排列着颜色较深的横纹，给它增添了些许神秘感。它的尾鳍呈浅蓝色，基部还有一个颜色很深的大斑点。作为刺尾鱼科的一员，它的尾柄基部也有一个骨质盾板。随着生长，短吻鼻鱼眼睛前方的额部会逐渐突出，形成长长的角状突起，与吻部几乎呈直角，更显得吻短鼻子长，所以才有了“短吻鼻鱼”这个名字。不过，短吻鼻鱼的幼鱼是没有这个角状突起的，看上去与其他鱼儿没有很大差别。短吻鼻鱼体长可达 60 厘米，仅鼻子就有 10 厘米长。

短吻鼻鱼

在繁殖季节，短吻鼻鱼成双成对地孕育后代。短吻鼻鱼的幼鱼以海底生长的海藻为食，成鱼则以浮游动物为食。它们通常聚成小群体活动。在大洋岛屿周围或者水流较强的礁区，短吻鼻鱼会聚集成规模很大的群体。

短吻鼻鱼

海底“挖掘工”——斑点拟绯鲤

珊瑚礁海域的很多鱼儿“访客”喜欢争奇斗艳，想用自己的美貌给珊瑚礁增添精彩的一笔。偏偏就有一些鱼儿愿意作为低调“担当”，如斑点拟绯鲤，它的相貌在缤纷的珊瑚礁可算不上出彩。

斑点拟绯鲤又叫斑点羊鱼。无论哪种称呼都离不开“斑点”二字，可想而知，斑点就是它的“招牌”。没错，斑点拟绯鲤身体两侧的背鳍下方各有 3 个黑色斑点，这是它的家族里世代遗传的特征。这 3 个斑点虽颜色不惊艳，但与斑点拟绯鲤的眼睛相互映衬，独具特色。斑点拟绯鲤个头很小，最长不过 30 厘米。雄鱼和雌鱼长大后，在相貌上有明显差异：雄鱼体型更大，面部棱角分明，背部拱起得更高；雌鱼则更显苗条。斑点拟绯鲤的集体观念比较强，常常成群游弋在海中。而且，它在营浮游生活的“年少”时期十分“恋家”，几乎不会远离出生地。

加勒比海、墨西哥湾和巴西南部海域是斑点拟绯鲤经常出没的地方，从海湾、潟湖等浅水区到 90 米深的水层都可以看到斑点拟绯鲤的踪迹。斑点拟绯鲤是一种底栖鱼儿，尤其喜欢流连于海草床和礁石周围的泥沙地。在这些地方，它能找到丰富的食物，如小型无脊椎动物，有时它也会攻击体型较大的虾、蟹。有意思的是，斑点拟绯鲤拥有挖掘技能。它的颏部下方有两根长而结实的颏须，既可用于感知猎物，又可用来从沉积物中挖掘出猎物。斑

斑点拟绯鲤

点拟绯鲤不使用这对颏须时，会将它们平放在喉沟，细心地保管。此外，颏须也是斑点拟绯鲤交际的重要工具，或蠕动，或缠绕，颏须的相互触碰让斑点拟绯鲤得以与同伴交流。

斑点拟绯鲤不仅拥有高超的挖掘技术，还有一项极少卖弄的绝技——变色。它一旦来了兴致，能在不到一分钟的时间里，在头部和身体上变出红斑。众所周知，许多鱼儿需要定期“皮肤护理”，斑点拟绯鲤也常常秩序井然地排队享受清洁鱼或清洁虾提供的服务。这就是它展现变色绝技的时候了！你会发现，正在接受护理服务的斑点拟绯鲤长出了红斑，待护理完毕，它又恢复了正常的白色或浅粉色。斑点拟绯鲤的这种体色变化，仿佛在对清洁鱼、清洁虾说：“谢谢你们优质的服务！”

画着脸谱的“建筑工”——似弱棘鱼

似弱棘鱼是一类生活在印度－西太平洋的鱼儿，我们在生活中很少见到它们的踪迹。似弱棘鱼属的十几种成员，或许相貌不似多数珊瑚礁鱼儿那般艳丽，但细看也流露着精致之美。比如，与属同名的似弱棘鱼，体色淡雅，鱼鳍边缘描着一道亮蓝色的边，就像脸谱上被细心勾勒的线条。

大多数似弱棘鱼栖息于海底礁石周围，这里十分适合建造洞穴。值得一提的是，少数几种似弱棘鱼拥有高超的建筑本领，如叉尾似弱棘鱼和波氏似弱棘鱼，它们会在

似弱棘鱼

斯氏似弱棘鱼

洞口周围垒起一个碎石堆来掩蔽自己的居所。与它们不足 20 厘米长的瘦小体型相比，这些鱼儿建造的碎石堆规模庞大。科学家估计，一对叉尾似弱棘鱼“夫妻”每小时可以挪动 96 块碎石，如果它们一天工作 10 小时，那么就能在 38 天内建起一个底面积约 0.8 平方米的碎石堆。人们已发现的叉尾似弱棘鱼垒起的最大碎石堆底面积达 3 平方米，这对这些小小的“建筑工”来说已经是“大工程”了。有了自己的洞穴，再加上一个碎石堆，似弱棘鱼的安全感倍增。它们白天出去猎捕浮游生物，晚上则惬意地钻进洞穴，避开外界的干扰。

都说“一山容不下二虎”，每个洞穴里也只有一条似弱棘鱼居住或者由一对“夫妻”共享。无论物质条件多么优渥，似弱棘鱼都恪守着“一夫一妻”。这样的“专情”十分难得。

“识时务者为俊杰”，似弱棘鱼也不乏知难而退的勇气。若它们发现附近有比自己更有攻击性的鱼儿，便会终日躲在自己建造的洞穴内，而这也让它们错过了很多享用美食的机会。一旦危险远去，身边只剩下与自己势均力敌或弱于自己的鱼儿，它们才会安心地出门觅食。这样的自我保护策略让似弱棘鱼避免了不少斗争和伤亡，使得种群延续下来。

眼睛即明灯，照亮珊瑚礁——菲律宾灯颊鲷

在夜晚的沙漠中，如果你看到了闪着绿光的眼睛，那么很不幸，你可能遇到了狼；而在夜晚的珊瑚礁海域，如果你看到了闪着蓝光的眼睛，那么很幸运，你可能遇到了自带“手电筒”的菲律宾灯颊鲷。

菲律宾灯颊鲷属于金眼鲷目灯眼鱼科灯颊鲷属，是目前已知的该属唯一成员。它生活在太平洋中部和西部水深 2~400 米的礁区。

菲律宾灯颊鲷具有典型的鱼儿的长相：身体延长而侧扁，吻部在眼睛前方急转向下，像是被人切了一刀的样子。体表呈黑褐色，背鳍和尾鳍的边缘还有亮蓝色的条带，十分显眼。它的两个背鳍均具有硬棘，第一背鳍近似三角形，第二背鳍略呈梯形，这个特点也能让人一眼就认出它。

菲律宾灯颊鲷最大的特点就是两只眼睛下方各有一个豆状发光器，这在鱼儿中是十分罕见的。当然，这种发光器并不像手电筒那样依靠电发光，而是靠着发光细菌来发光。更加神奇的是，菲律宾灯颊鲷可以通过眨眼睛来控制发光器的开关。嵌入眼眶下腔的发光器中充满了管状结构，这些管状结构中就共生着发光细菌，发出蓝光。

菲律宾灯颊鲷

菲律宾灯颊鲷发光器的闪光模式如莫尔斯电码，人们对其了解甚少。德国的一个研究团队对这种神奇的鱼儿如何使用生物发光照明进行了研究，他们发现：在黑夜里，菲律宾灯颊鲷每分钟眨眼多达 90 次；当它探测到活的浮游动物时，发光器的发光时间会延长，眨眼频率减少至平时的 1/5；如果它饿了，发光器发光能力就会大大减弱。另外，菲律宾灯颊鲷的眨眼频率也受到环境光照条件的影响。白天，当菲律宾灯颊鲷在光线昏暗的洞穴里休息时，它的发光器大部分时间被关闭，只被短暂的眨眼“点亮”。

或许是由于自带“手电筒”，菲律宾灯颊鲷只在晚上才出来捕食浮游动物，否则它会继续歇息。由于具有不寻常的发光器，菲律宾灯颊鲷在水族馆颇受欢迎，它可以与松球鱼、天竺鲷等夜行性鱼儿一起饲养。

人们发现的大多数发光生物生活在海洋中。据估计，大约 90% 的深海动物是能发光的。在脊椎动物中，鱼类是唯一具有生物发光现象的类群。发光的鱼类要么拥有发光物质，要么身体某些部位能容纳共生发光细菌。这种光可以用于交流、引诱猎物或者防御。由于深海和水面的压力差异，要把深海鱼类带到水面而又不伤害它们，几乎是不可能的，因此很难深入研究深海鱼类发光现象。但是菲律宾灯颊鲷是一个例外。它生活在相对较浅的海域，可以被养在水族箱中进行科学研究。

沉静的底栖鲨鱼——铰口鲨

多数为人所熟知的鲨鱼是长着血盆大口、嗜血成性的。然而，并不是所有的鲨鱼都以凶残著称，如沉静的铰口鲨。

铰口鲨的长相十分有特色。它的嘴巴小小的，一对鼻须分列鼻孔两侧，眼睛非常小，各个鳍的末端线条十分柔和，不似大白鲨那般凌厉，透露着它性格中的沉静。的确，铰口鲨是一种喜爱安静的底栖鲨鱼。白天闲来无事的时候，成群的铰口鲨懒洋洋地“趴”在海底，有时还像叠罗汉一样压在同伴身上；也有的喜欢静静地窝在礁石缝隙中。夜晚，铰口鲨才会因觅食而活跃起来。并且，它对自己的休憩所还挺留恋，觅食后会返回自己待惯了的“小窝”。

铰口鲨以甲壳动物、软体动物和小鱼为食，偶尔也吃藻类、珊瑚。值得一提的是，虽然铰口鲨的嘴巴很小，但是它的咽部能提供强大的吸力，可以直接将海底的猎物吸到口中，即使动作敏捷的小鱼也在劫难逃。铰口鲨休息的时候，有时会用胸鳍支撑起身体，头部向上抬起。有的科学家认为，这种姿势围成的空间在小鱼眼里就像一个庇护所，吸引小鱼逗留，这样铰口鲨就可以轻松地吃掉受到迷惑的小鱼。

若你在潜水时看到两条铰口鲨“抱”在一起翻滚，不必担心——它们正在交配呢。铰口鲨是卵胎生的鲨鱼，每个胚胎都有单独的卵黄囊提供营养。铰口鲨两年才繁殖一次，需要大约半年的妊娠才能等到小鲨鱼的降生。小鲨鱼在妈妈肚子里就开始自相残杀，所以最后只会有数条甚至只有一条小鲨鱼出生。这种现象在鲨鱼世界里并非罕见。

铰口鲨对人类的威胁不大，却受到人类的肆意捕杀。人们残忍地割下它的鳍，制成鱼翅。沉静的铰口鲨不应当受到如此伤害，每一种海洋生物都值得人们温柔对待。

铰口鲨

不速之客

海底“观星者”——䲢

䲢

浩瀚海洋，无奇不有。有一类鱼儿，天生一个圆圆的大脑袋，身体越往后越瘦小；大嘴巴长在头部背面，耷拉着嘴角，看上去很不开心；眼睛长在头顶上，一副仰望星空的样子，因此还获得一个文绉绉的名字——“观星者”。可是身体形态注定了它们要永远生活在海底，并没有近距离接触星空的机会。这类鱼儿就是䲢。

鲈形目䲢科有 50 多种鱼儿。它们擅长把自己埋在沙子中，安静地等待猎物。一旦有底栖小鱼和无脊椎动物在头顶出现，它们就立刻出击。为了成功地捕猎，有的种类会“耍花招”：白缘䲢嘴上长着蠕虫状的诱饵，可以通过摆动诱饵来吸引猎物的注意。䲢的体长从 18 厘米到 90 厘米不等。在它们的一对胸鳍后面，还有两根巨大的毒刺。除此之外，它们还拥有一个发电器官。可不要激怒它们，不然你会尝到触电的滋味。

䲢作为善于伪装的伏击捕食者，又有毒刺，又能发电，攻击猎物的花样繁多，于是有人称它们是“最卑鄙的创造物”。但有些地区的人们将䲢视为美味佳肴，鱼市场经常出售被摘除发电器官的䲢。

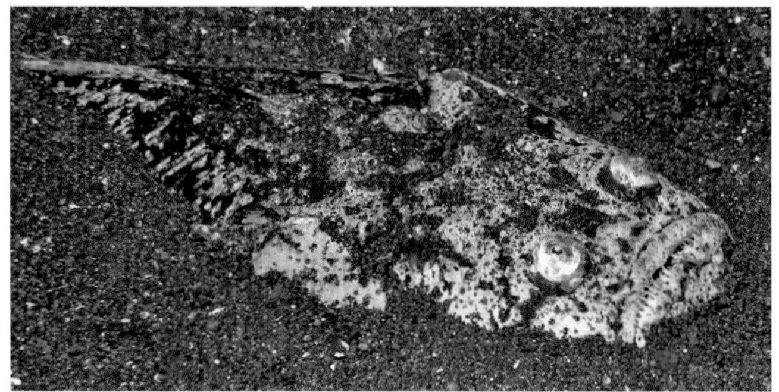
伏在沙中的白缘䲢

白缘䲢蠕虫状的诱饵

水下“龙卷风”——黑尻鲹

你可能见过水下“龙卷风”：一群鱼儿像龙卷风一样盘旋而过，遮天蔽日，蔚为壮观。能形成水下“龙卷风”的鱼儿有很多种，其中黑尻鲹尤其出名。黑尻鲹属于鲈形目鲹科，又名蓝鳍鲹。鱼如其名，黑尻鲹的鱼鳍带着梦幻般的蓝色，尾部颜色稍深。它生活在印度洋、太平洋的温带和热带海域，你不仅能在沿岸的海湾、潟湖中发现它的身影，也能在远洋岛礁旁找到它活动的踪迹。在危机四伏的海洋里，幼年黑尻鲹往往聚集成群，形成壮观的水下“龙卷风”。长大之后的黑尻鲹却经常离群索居，划分各自的领地，成为“地方一霸”。

追捕鳀鱼的黑尻鲹

黑尻鲹作为珊瑚礁海域的“地方一霸”，不仅捕食各种小鱼，乌贼、螃蟹也不放过。它虽然独自生活，但捕食时会与同伴聚到一起，冲散成群的猎物，那些不幸落单的猎物就成了它的美餐。另外，它还会采用伏击战术。它先让身体变暗，悄悄躲在猎物常常出没的礁石后，等到猎物到来时，就从猎物下方冲过去。它甚至会悄悄地跟在其他捕食者如鳐鱼、鲨鱼的身后，这些大鱼在捕食的时候往往会惊扰许多小鱼，这时候黑尻鲹就趁机捞上一把，渔翁得利。黑尻鲹捕食的时间也是有讲究的，它一般在白天捕食，特别是在清晨和黄昏最为活跃。

黑尻鲹

魔鬼蓑鲉

剧毒入侵种——魔鬼蓑鲉

有这么一个故事：美国佛罗里达州一个水族馆在维护时，工作人员不小心将馆中的魔鬼蓑鲉放入了大海，自此，原生于印度－太平洋的魔鬼蓑鲉在大西洋疯狂地扩散，成了入侵种。故事的真实性无从考证，但魔鬼蓑鲉成为入侵种，却是不争的事实。

魔鬼蓑鲉属于鲉形目鲉科蓑鲉属，是一种有毒的珊瑚礁鱼儿。它身着红白相间的“条纹衫”，还混杂着浅红色、金黄色和黑褐色。与鲉形目的许多其他鱼儿一样，魔鬼蓑鲉体表有着长而巨大的棘刺，好像狮子的鬃毛，所以魔鬼蓑鲉以及与它长相相似的“亲戚”们被赋予了一个形象的名字——狮子鱼。狮子鱼剧毒的背棘有防御的功能。当它们受到威胁时，通常会用一种倒着的姿态面对攻击者，此时它们的背棘就会发挥作用。魔鬼蓑鲉的平均寿命约 10 年，成鱼体长可达 47 厘米，因而是一种大型狮子鱼。也正是因为这些毒刺以及庞大的体型，魔鬼蓑鲉像东非大草原上没有天敌的狮子一样，横霸一方，成功地把许多海域变成了自己的地盘。

虽然魔鬼蓑鲉的棘刺不会对人造成致命的伤害，但是中毒者仍会非常痛苦，出现头痛、呕吐和呼吸困难等症状。所以，千万不要触碰魔鬼蓑鲉。万一不小心中了招，一定要及时就医！魔鬼蓑鲉的棘刺除了具有防御功能外，还有协助捕食的作用。魔鬼蓑鲉是夜行性鱼儿，在傍晚到黎明这段时间出来捕食小鱼、小虾。它会一路跟踪猎物并将猎物赶到角落里。在魔鬼蓑鲉一身棘刺的重重阻碍下，猎物无路可退。

魔鬼蓑鲉是“独行侠”，只在繁殖季节才会形成3~8条鱼儿的小群体，包括一条雄鱼和几条雌鱼。繁殖季节的魔鬼蓑鲉，两性之间的外貌差异很大：雄鱼的条纹不那么明显，体色更均匀；怀卵的雌鱼则会变得更苍白，吻部、咽部和腹部都变成银白色，使自己在黑暗中很容易被雄鱼发现。

魔鬼蓑鲉能在大西洋沿岸迅速扩散，除了因为有毒刺、缺乏天敌，还离不开超强的繁殖力。魔鬼蓑鲉每月进行一次繁殖。每次繁殖，雌鱼可以产下多达3万颗卵，在温暖的月份产卵量还会增加。受精卵能黏附在礁石或者珊瑚上。孵化出的小蓑鲉会随着洋流迅速扩散，所以魔鬼蓑鲉的分布范围越来越广。

魔鬼蓑鲉

魔鬼蓑鲉是水族馆的“必备”物种，在大大小小的水族馆里几乎都能见到它的身影。而且，它的美丽外表吸引了越来越多的游客到珊瑚礁海域潜水，促进了旅游业的发展。纵然有这些优点，作为入侵种，魔鬼蓑鲉对珊瑚礁的负面影响仍不容小觑。它是大型肉食性鱼儿，会扰乱入侵地原本的食物链，从而对生态系统构成威胁。它会危害那些在珊瑚礁海域具有重要生态地位的鱼儿，如控制礁区藻类生长的鱼儿。另外，它还会与其他肉食性鱼儿如石斑鱼和鲷等竞争食物。人们一直在想办法控制魔鬼蓑鲉的数量，但是成效一般。

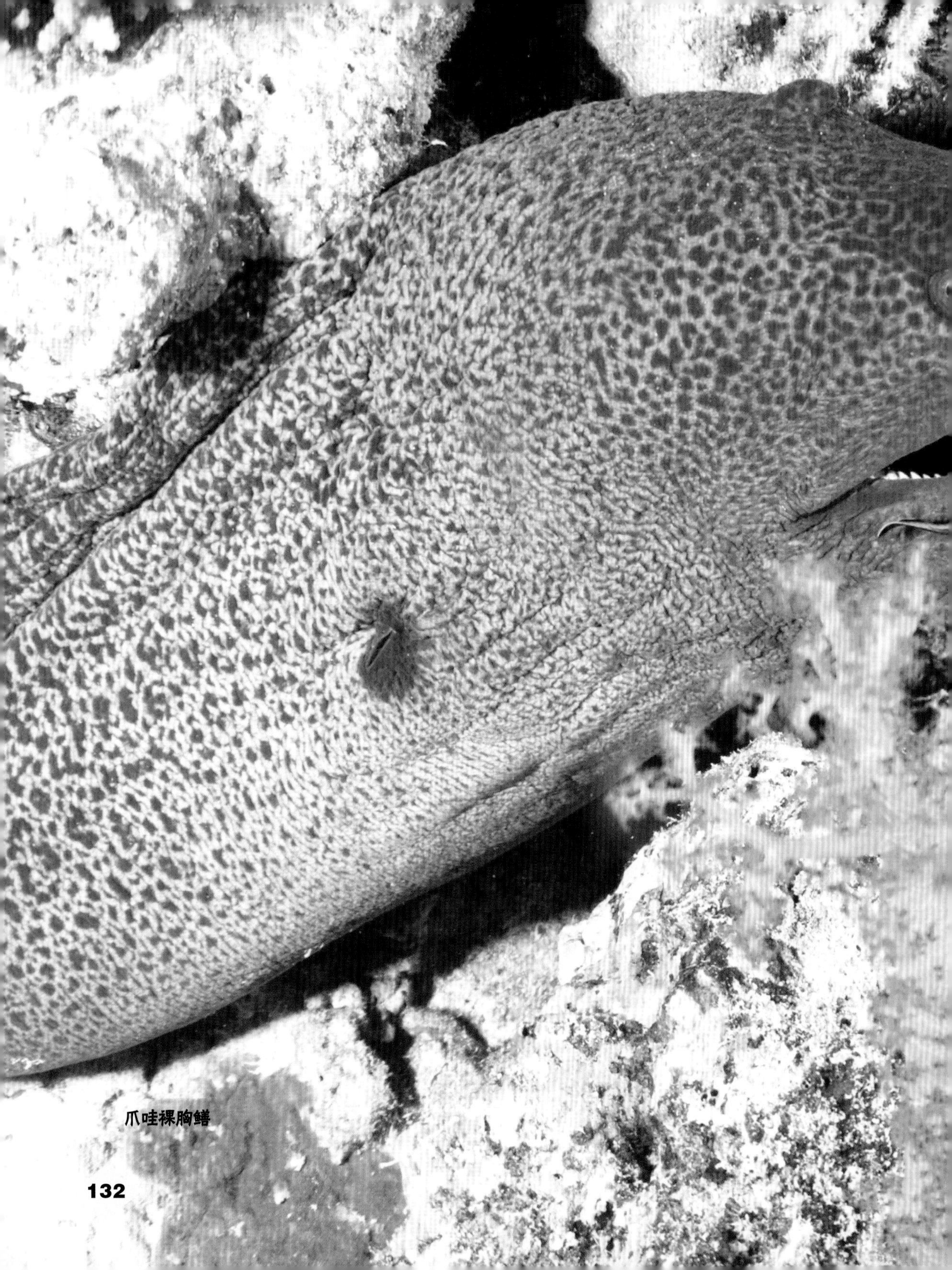
爪哇裸胸鳝

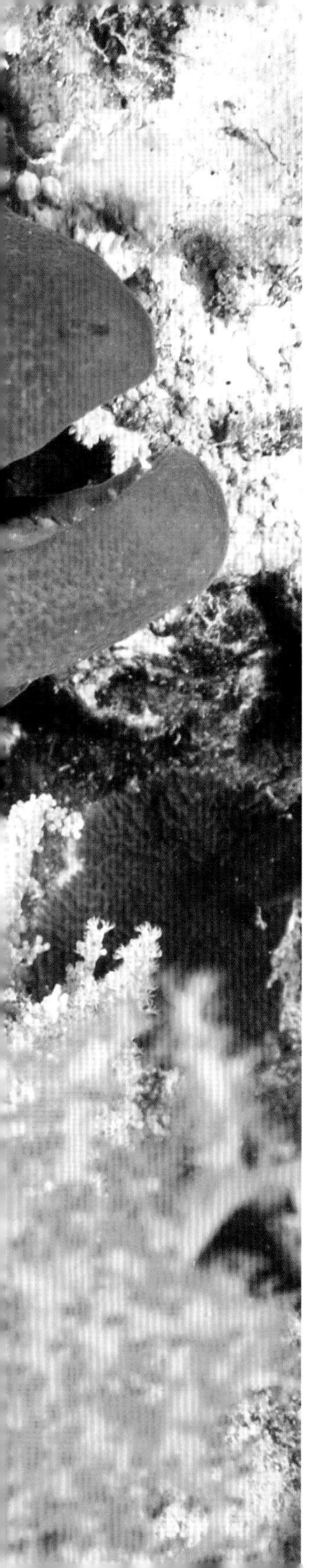

潜伏的“杀手”——裸胸鳝

美丽的珊瑚礁其实危机四伏。有时候冷不丁地冒出一只蛇一样的“怪物”，以迅雷不及掩耳之势将可怜的猎物死死咬住。这些蛇一样的捕食者，就是海鳝科的裸胸鳝。

从“裸胸鳝”这个名字就能知道它们的形态特征。与它们的近亲相比，裸胸鳝的胸部光溜溜的，没有胸鳍，这也让它们看上去非常奇怪。尖尖的吻部、隆起的额头、光滑修长的身体，就像蛇一样。裸胸鳝通常体型较大，特别是爪哇裸胸鳝，最重能达到30 千克，最长可达 3 米。

裸胸鳝有着这么庞大的身体，却能灵活地在珊瑚礁的缝隙中钻来钻去，这多亏了皮肤分泌的黏液。裸胸鳝的体表没有鳞片，黏液可以减少皮肤与岩石、珊瑚之间的摩擦。一些种类的裸胸鳝，黏液中还含有毒素，使它们免受捕食者的侵袭。

裸胸鳝通常躲藏在洞穴中消磨时间，其实这样不仅能躲避捕食者，还能守株待兔，伺机捕食“送上门”的猎物。裸胸鳝的

云纹裸胸鳝

魔斑裸胸鳝突出的鼻孔

出击非常迅速，过往的猎物如鱼儿、乌贼、鱿鱼，甚至有坚硬外壳的螃蟹、海贝，都可能落入它们之口。裸胸鳝作为珊瑚礁海域的凶猛“杀手”，一旦锁定目标，志在必得。它们不仅有锋利的牙齿可以咬住猎物，还有两个颌作为“双保险”，防止猎物逃脱。咬住猎物后，裸胸鳝就伸出它们特有的咽颌，将猎物拖到肚子里。不过，裸胸鳝的出击并非招招致命，因为它们的视觉十分糟糕。甚至有报道说，潜水员给它们投喂食物的时候，它们会因为看不清楚而错过食物，反而将潜水员的手指咬掉。视力这么差，又没有眼镜可戴，裸胸鳝是如何寻找猎物的呢？原来，裸胸鳝拥有非常灵敏的嗅觉，两个突起的鼻孔帮助它们收集周围海水里的气味。它们对死亡、生病的猎物格外敏感，充当着珊瑚礁的“环卫工人”。

有时你能看到探出洞穴的裸胸鳝嘴巴一张一合，露出锋利的牙齿，似乎在谋划着一次杀戮。不要害怕，它们只是在呼吸。裸胸鳝没有硬鳃盖，只能通过嘴巴将水吸到鳃，气体交换后再经嘴巴将水排出。嘴巴一张一合，海水流进流出，这个“杀手”连呼吸的时候都这么让人心惊胆战。

“杀手”小时候过着颠沛流离的生活。裸胸鳝的卵在海水中受精。刚刚孵出来的小裸胸鳝随波逐流，前途充满了危险与未知。有的种类的幼鱼甚至要等一年的时间才能游到海底定居。不过它们终将凭借自己的本领，在一方海域称雄称霸。

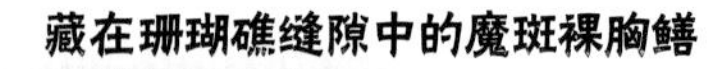
藏在珊瑚礁缝隙中的魔斑裸胸鳝

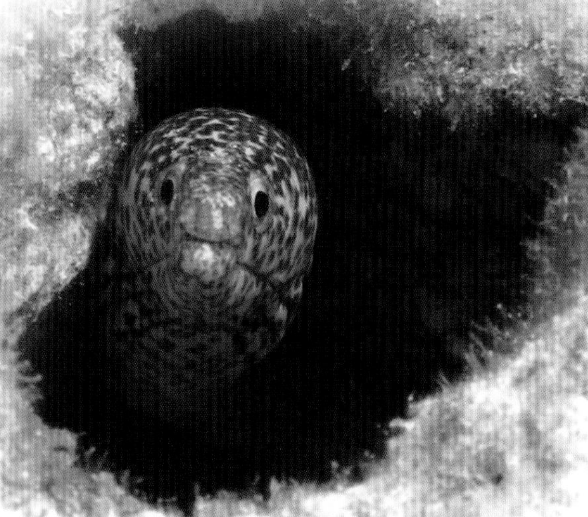

“丑”也是生存之道——普氏䲗

突出的眼睛、大嘴巴、厚嘴唇、宽大的胸鳍、坚挺的背鳍、暗沉的体色、杂乱的斑点，有的身上还有一层陈年污垢，这种鱼儿只会给人一种感觉——丑。美丽的珊瑚礁海域也会有这样丑的鱼儿？当然。这种鱼儿就是普氏䲗。

普氏䲗长得丑自然有它的理由。普氏䲗以一些小鱼、小蟹为食，但它笨拙的身体可受不了追逐猎物的辛苦，于是它就与猎物打起“伏击战”。它经常将自己巧妙地伪装起来，等待着猎物自投罗网。这时它灰暗的体色就派上了用场，体表着生的藻类也帮助它完美地隐藏在礁石上。而且它的大嘴巴也不是当摆设的，等猎物靠得足够近，它就猛然张嘴，把猎物吸到嘴里。普氏䲗也有一套自我保护的本领，那挺直的背鳍就是它的防御武器，里面的毒腺可以分泌毒液，抵御天敌。

如此看来，普氏䲗是一种实用主义鱼儿——长得好不好看无所谓，能生存下来才是王道。

普氏䲗

藏在礁石上的两条普氏鲉

温柔的大鱼——鲸鲨

最大的鱼是什么鱼呢？答案就是鲸鲨。鲸鲨不是鲸鱼，而是鲨鱼，属于软骨鱼。鲸鲨最长可达 20 米，最重可达 30 多吨，相当于 10 头大象。虽然是鲨鱼，鲸鲨却不像大白鲨那样让大海里的动物闻风丧胆，而是有着好脾气的大鱼。它长着扁平的头部、小小的眼睛，眼睛旁边有着硕大而整齐的 5 对鳃裂，青灰色的背上还有星星一样的白色斑点。这些斑点如同人类的指纹，在每一条鲸鲨身上都是独一无二的，科学家可以通过这些斑点辨认不同的鲸鲨个体。有人认为，鲸鲨也能利用这些斑点辨认同伴、与同伴交流；也有人认为，这些斑点可能是鲸鲨对海水表层强烈阳光的适应，可以帮助皮肤抵御紫外线的伤害。

拥有温柔的性格和柔和的样貌，鲸鲨并不适合当一个追逐猎物的捕食者。事实也是如此。鲸鲨是滤食性鱼儿。它张开大嘴可不是在打哈欠，而是在品尝美食。鲸鲨的嘴张开时有 1.5 米宽，能将一个人横着塞进去。它深深吸一口海水，用鳃耙将食物留

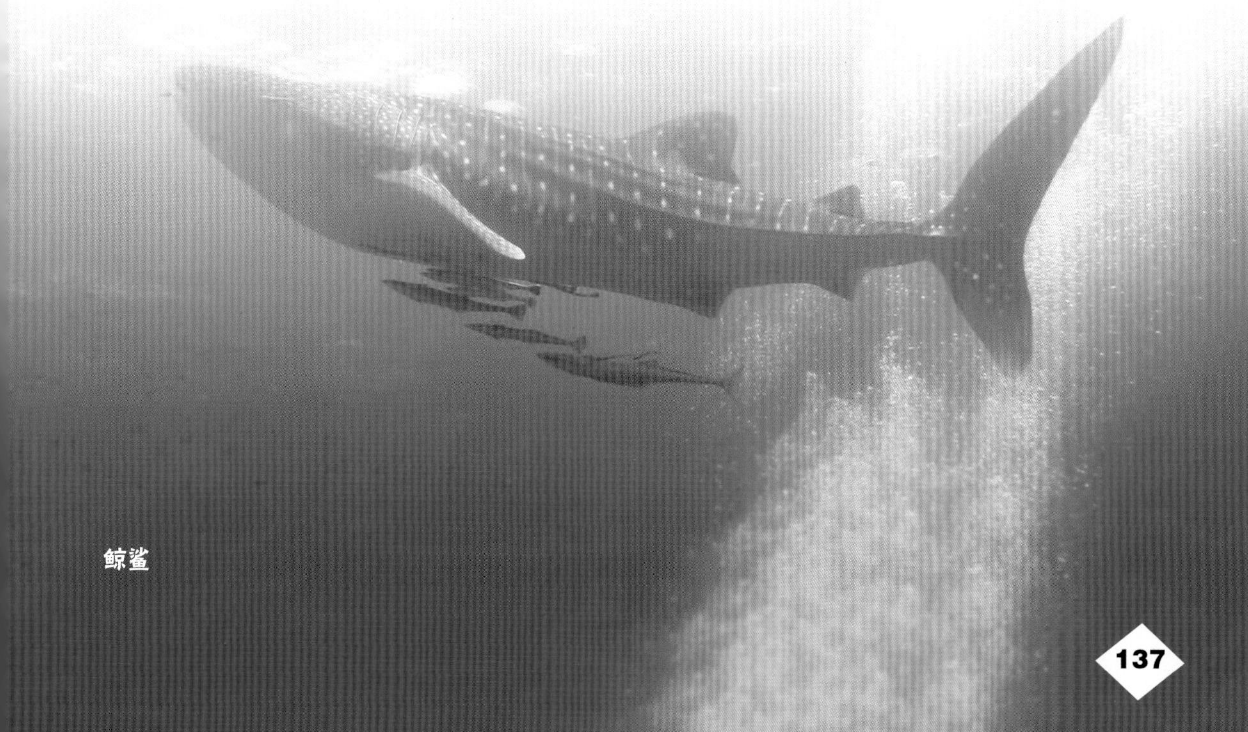

鲸鲨

下，再把海水排出去。它可以在游动的时候张着嘴，顺便让海水灌到嘴里，自己吃到食物，一举两得。吃得好，得益于牙口好。鲸鲨约有 300 排牙齿，还有交错联结的鳃耙，过滤食物十分有效率，对大于 2 毫米的食物来者不拒。所以，鲸鲨不仅能吃到沙丁鱼、乌贼等，还能吃到磷虾、海鞘等浮游生物。

体型这么大，需要的食物一定很多，所以，珊瑚礁海域是鲸鲨偏爱的地方。鲸鲨在珊瑚礁海域张开大嘴游一圈，差不多就能饱餐一顿。鲸鲨分布在亚热带、热带海域。每年夏天，鲸鲨成群结队地聚集在大洋洲、菲律宾海域等处觅食，当地借此发展了生态旅游业，如与鲸鲨共游等等。成年鲸鲨对人类非常友善；而幼小的鲸鲨比较怕人，见到人会远远躲开。鲸鲨是卵胎生的鱼儿。鲸鲨宝宝在妈妈的肚子里孵化长大，刚出生就能达到 0.5 米长。在台湾捕获的一条雌性鲸鲨体内竟有 300 个胚胎！

小鲸鲨要在茫茫海洋中长大，也是非常不易的。虽然鲸鲨的天敌很少，但是抚养鲸鲨宝宝是一件耗时耗力的事情，所以

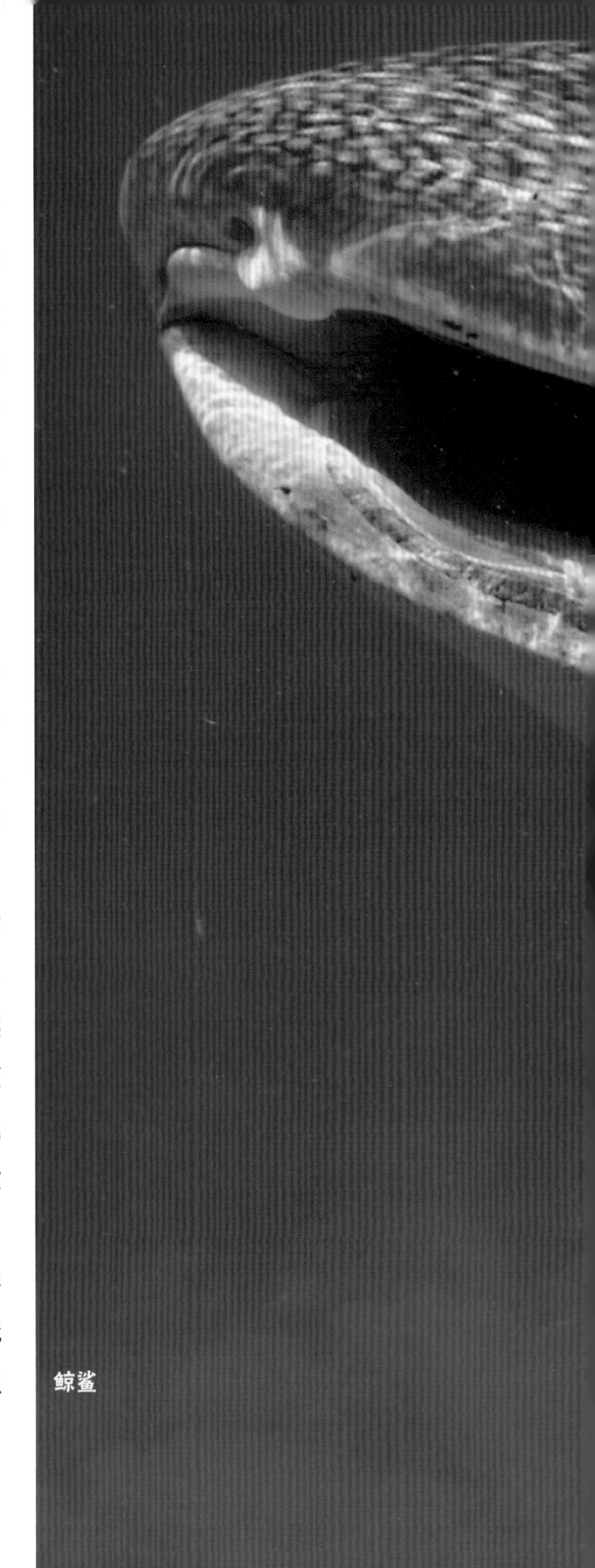
鲸鲨

鲸鲨在自然界的数量并不多。人类现在是鲸鲨最大的威胁。有的鲸鲨被人类捕上来做成食物，有的被送进水族馆。由于人类的捕杀，鲸鲨的数量逐年下降，已被《IUCN 红色名录》列为濒危级别。

感官独特的“杀手军团”——双髻鲨

有一类鲨鱼，你见到它们时或许会忍不住惊呼：“长得真奇怪！”它们的头部向两端突出，形状像一把锤子，所以得名锤头鲨。又因为它们奇怪的头部形状像古代女子的双发髻，所以它们也被叫作双髻鲨。科学家还专门为它们的头部起了个名字——头翼。

双髻鲨是双髻鲨科 9 个物种的统称，它们都有形状奇特的头翼。头部形状如此奇怪，却能在危机四伏的海洋里生活千万年而不被淘汰，可见这种“双髻头”还是有些作用的。双髻鲨是游泳高手，特别是在追赶猎物的“生死时速”中，它们急转弯的能力比其他鲨鱼更胜一筹。科学家认为，双髻鲨的头翼起着平衡和方向舵的作用，让双髻鲨更加灵活。头翼两侧的眼睛也扩大了双髻鲨的视野，双眼视野的重叠范围随之增大，360°无死角的视野让它们能够更加准确地定位猎物。此外，这样的头翼令双髻鲨两个鼻孔的间距增大，敏锐的嗅觉让它们能察觉出两个鼻孔闻到的气味的细微差异，从而更好地判断猎物的方向。如此看来，这样的头翼虽然让双髻鲨少了几分威风，却在优胜劣汰的竞争中十分实用。

这样的头翼注定了双髻鲨是天生的“杀手”。其实，单打独斗的“独行侠”并不可怕，成群行动的“军队”才骇人。双髻鲨在捕食或者迁徙过程中，可以成百上千条组成群体。它们捕食海中的鱼儿、乌贼和一些甲壳动物。不过，有一种“食物”非常具有挑战性，那就是鳐鱼。鳐鱼有毒刺傍身，但这并不妨碍它成为双髻鲨最钟爱的食物。双髻鲨往往出没于温暖的近

无沟双髻鲨

路易氏双髻鲨

岸海域，而食物丰富的珊瑚礁海域自然是它们的猎场之一。在自然界，双髻鲨几乎没有天敌，成群行动时它们更无所畏惧。不过，成群出没也有很大的风险，特别是在渔业活动较多的地方，成群的双髻鲨往往会被“一网打尽”。所以，双髻鲨的种群数量近年来不断下降。

双髻鲨是假胎生的鱼儿。也就是说，胚胎在母体内先消耗卵黄囊中的营养，后来卵黄囊变成类似胎盘的结构，让胚胎从母体吸收营养。一条雌性双髻鲨一次可以产20~40条小双髻鲨。在弱肉强食的大海里，绝大多数双髻鲨早早夭折，人类的捕捞又让它们伤亡惨重，但它们仍然顽强地在这个星球上繁衍生息。

慢吞吞的掠食者——长鳍真鲨

或许你对“长鳍真鲨”这个名字比较陌生，但这种鲨鱼的别称“远洋白鳍鲨”一定会让你闻“鲨”色变。

长鳍真鲨的背部弯曲，一副虎背熊腰的样子。最令人瞩目的就是那宽大的鳍，尖端呈白色，仿佛沾上了白色颜料。远远望去，长鳍真鲨就像是驮着雪山峰顶在海中慢吞吞逡巡。

北纬 45°与南纬 43°之间的开阔海域，都曾出现过长鳍真鲨的身影。它更偏爱 20 ℃左右的温暖海水，若水温太低，它就会“搬家”去环境适宜的地方。长鳍真鲨习惯于独来独往。独居的它并不寂寞，因为总会有舟鰤、鲫鱼等追随者伴其左右。但在食物丰富的海域如珊瑚礁周围，你也可以见到成群的长鳍真鲨疯狂进食的景象。长鳍真鲨的生殖方式属于假胎生，胚胎可以通过卵黄囊胎盘吸收母体的营养。经过一年的妊娠，鲨鱼妈妈可以一次产下 1~15 条长约 60 厘米的小鲨鱼。

长鳍真鲨虽然看上去慢吞吞的，却是大海中异常凶猛的掠食者。它的“食谱”涉及的物种多样，海龟、水母、金枪鱼、鲭鱼、旗鱼，甚至海鸥等鸟类，都在其中。它喜欢跟踪金枪鱼群、乌贼群，伺机饱餐一番；或是与海豚和领航鲸一起觅食，趁机“捡漏”。长鳍真鲨还有跟随远洋船舶的本能，是最常见的一种跟船鲨鱼。长鳍真鲨似乎对鲸豚类比较友好，但对于人类而言，它是非常具有攻击性的，千万惹不得！有人说长鳍真鲨

长鳍真鲨

是“最危险的一种鲨鱼”。可能我们更倾向于让大白鲨“享”此恶名，但长鳍真鲨确实会攻击船难或空难的幸存者，甚至给它喂食的潜水员。

据 *The Natural History of Sharks* 一书的描述，20 世纪 60 年代末，长鳍真鲨的资源还十分丰富，“可能是地球上体重超过 45 千克的大型动物里数量最多的”。然而，这一原本能在大海里畅游无阻的掠食者，却没能逃脱人类的“魔爪”。由于人类对鱼翅的渴望，仅仅从 1992 年到 2000 年，大西洋部分海域的长鳍真鲨数量就减少了 70% 之多！《IUCN 红色名录》显示，长鳍真鲨已处于极危状态。如果你也想为保护它尽一份力，那就从拒绝鲨鱼制品开始吧！

珊瑚礁“小霸王”——钝吻真鲨

钝吻真鲨又叫黑尾真鲨，从名字就能知道它的样貌，黑色的尾鳍便是它的“名片”。它的背部从远处看呈灰色，故而它又被称为灰礁鲨。热带和亚热带海洋是钝吻真鲨的栖息地，珊瑚环礁以及岩礁旁的潟湖经常有钝吻真鲨结群而行。尽管体格壮硕，但成鱼体长不足 2 米的钝吻真鲨只能算得上是中型鲨。不过它凶猛好战，在珊瑚礁海域拼出了“小霸王”的称号。

不同于我们印象中孤独高傲的凶猛鲨鱼，钝吻真鲨擅长群体围猎，这也让它在珊瑚礁海域所向披靡。当夜幕降临，一群钝吻真鲨不期而会。它们在珊瑚礁“上空”缓慢游动，看似悠闲自得，实际上暗藏杀机。经过白天的休整，它们现在精力充沛，对珊瑚礁海域肥美的乌贼、章鱼、鱼儿等猎物虎视眈眈。待时机成熟，钝吻真鲨“舰队”火速出击，将猎物逼赶得无路可退。它们横扫而过，有计划地协调作战。每当猎物垂死挣扎的时候，它们的攻击就愈发猛烈，捕食场面常常极为混乱，将不少大型鲨鱼从远处吸引过来。

钝吻真鲨

在繁殖后代方面，大部分鱼儿是“广种薄收”，一次产卵上万颗，但成活率很低，而鲨鱼则是“精耕细作”。以假胎生方式繁殖后代的钝吻真鲨一次能生育1~6条小鲨鱼。胚胎成长初期所需的营养来自卵黄囊，后期通过卵黄囊胎盘从母体吸收营养物质。小鲨鱼出生后不需双亲的抚育就能独自觅食和自我保护。钝吻真鲨假胎生的繁殖方式确保后代得到很好的孕育，能在严酷的大海中生存。

近几十年来，人类对鱼翅的需求与日俱增，商业捕捞的发展日益成熟，大量鲨鱼被捕杀，即使是珊瑚礁“小霸王”钝吻真鲨也难逃一劫。钝吻真鲨的后代数量少且成熟缓慢，商业捕捞对其种群数量造成了难以弥补的损失。加之珊瑚礁等栖息地面临着许多人为威胁，钝吻真鲨举步维艰，已被《IUCN红色名录》列入近危等级。威风凛凛的珊瑚礁“小霸王”能否风采依旧，就看你我的努力了。

图书在版编目（CIP）数据

珊瑚礁里的鱼儿 / 牛文涛主编. — 青岛 ：中国海洋大学出版社，2019.12

（珊瑚礁里的秘密科普丛书 / 黄晖总主编）

ISBN 978-7-5670-1786-3

Ⅰ. ①珊… Ⅱ. ①牛… Ⅲ. ①海产鱼类－青少年读物 Ⅳ. ①Q959.4-49

中国版本图书馆CIP数据核字(2019)第289716号

珊瑚礁里的鱼儿

出 版 人	杨立敏		
出版发行	中国海洋大学出版社		
社　　址	青岛市香港东路23号	邮政编码	266071
网　　址	http://pub.ouc.edu.cn	订购电话	0532-82032573（传真）
项目统筹	邓志科	电　　话	0532-85901040
责任编辑	姜佳君	电子信箱	j.jiajun@outlook.com
印　　制	青岛海蓝印刷有限责任公司	成品尺寸	185 mm × 225 mm
版　　次	2019年12月第1版	印　　张	10.25
印　　次	2019年12月第1次印刷	字　　数	148千
印　　数	1～10000	定　　价	29.80元

发现印装质量问题，请致电 0532-88786655，由印刷厂负责调换。

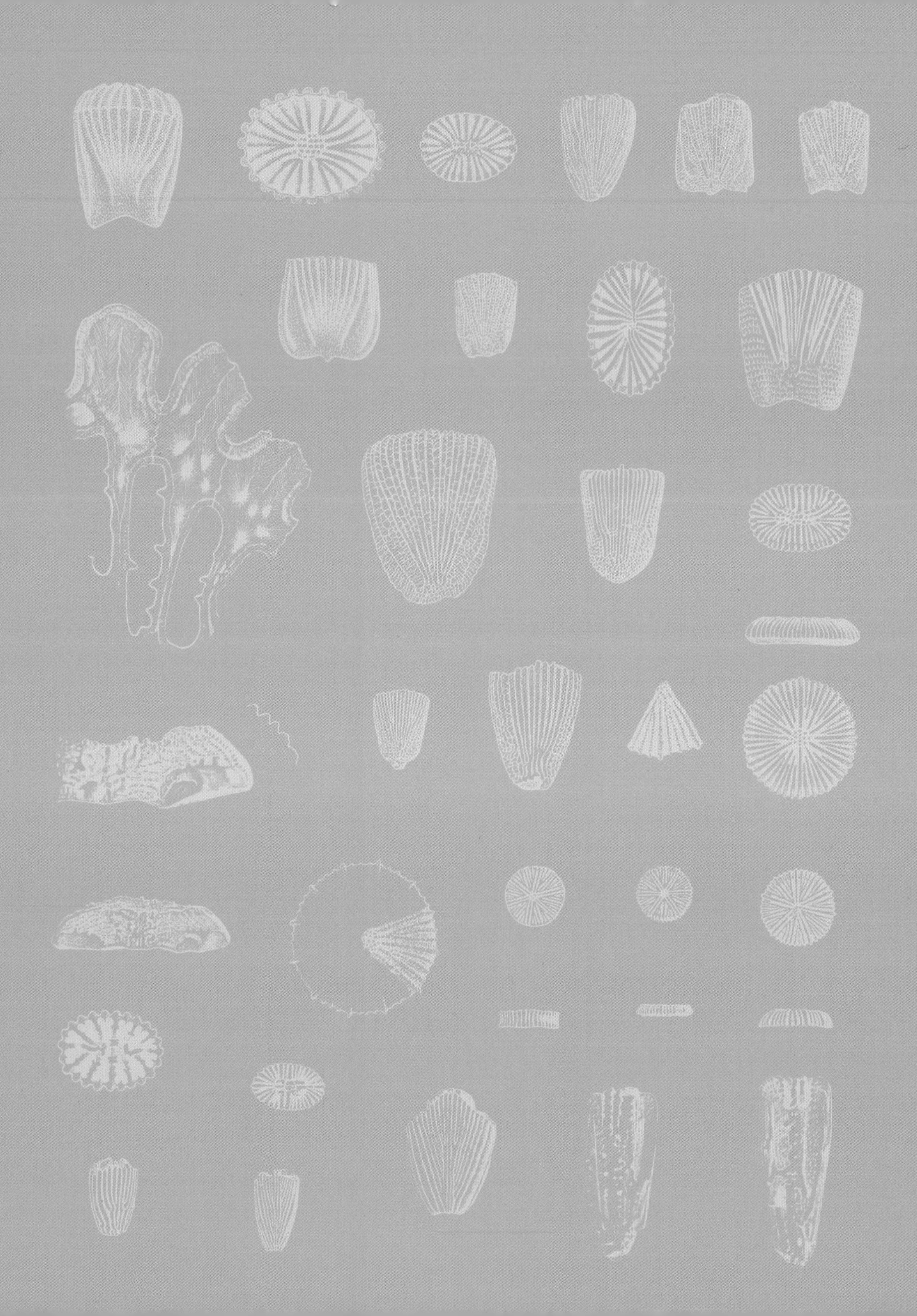